Wer auftritt, muss spielen

Christian Gansch

Wer auftritt, muss spielen

Die drei Schritte
zur Führungskompetenz

1 2 3 4   09 08

© Eichborn AG, Frankfurt am Main, September 2008
Umschlaggestaltung: Christina Hucke
Lektorat: Waltraud Berz
Layout und Satz: Greiner & Reichel, Köln
Druck und Bindung: CPI – Clausen & Bosse, Leck
ISBN 978-3-8218-5694-0

Eichborn Verlag, Kaiserstraße 66, D-60329 Frankfurt am Main
Mehr Informationen zu Büchern und Hörbüchern aus dem
Eichborn Verlag finden Sie unter www.eichborn.de.

Inhalt

Entscheiden

Handeln 126

»*Die Künstler allein hassen dieses lässige Einhergehen in erborgten Manieren und übergehängten Meinungen und enthüllen das Geheimnis, das böse Gewissen von jedermann, den Satz, dass jeder Mensch ein einmaliges Wunder ist; sie wagen es, uns den Menschen zu zeigen, wie er bis in jede Muskelbewegung er selbst, er allein ist, noch mehr, dass er in dieser strengen Konsequenz seiner Einzigkeit schön und betrachtenswert ist, neu und unglaublich wie jedes Werk der Natur und durchaus nicht langweilig.*«*

Friedrich Nietzsche, Unzeitgemäße Betrachtungen

Vorwort: Der Dreiklang des Erfolgs

Wenn ein Künstler die Bühne betritt, ist dies der letzte Akt einer langen Entwicklung. Jahrelang hat er auf diesen Moment hingearbeitet. Bereits in seiner Kindheit und Jugend übte er täglich stundenlang auf seinem Instrument. Aber dieses Üben ist kein technischer Prozess, es bedeutet viel mehr, sich und seinen Körper in allen Nuancen einschätzen und kennenzulernen. Um ein fundiertes künstlerisches Konzept zu entwickeln, reicht es nicht, nur das Werk präzise zu analysieren. Der Musiker muss auch die Fähigkeit haben, genau wahrzunehmen, welche Strategien seinem Talent und seinen körperlichen Voraussetzungen entsprechen. Daraufhin muss er entscheiden, mit welchem technischen, stilistischen und individuellen Handwerkszeug er ein Werk umsetzen will. Diese Fähigkeiten erfordern eine permanente Balance von Emotionalität und Rationalität, die mit dem erklärten Willen zur Umsetzung in wechselseitiger Beziehung stehen müssen. Erst wenn der Künstler diesen Entwicklungsgang von Wahrnehmen – Entscheiden – Handeln bewältigt hat, kann er die Bühne betreten und dort erfolgreich bestehen.

In der Wirtschaftswelt denkt man in erster Linie in Kategorien des Entscheidens und Handelns. Das Wahrnehmungsvermögen wird vernachlässigt, obwohl es den Grundton dieses stimmigen Dreiklangs bildet. Und wenn der Grundton fehlt, verlieren Entscheidungen ihre Basis. Dann wird als Realität angesehen, was eigentlich nur ein Blendwerk derselben ist.

Wenn Entscheidungen auf Wahrnehmungsfähigkeit beruhen, sind sie weder willkürlich noch Selbstzweck, sondern aus Überzeugung entstanden. Dadurch gewinnt eine Führungskraft die nötige Sicherheit, Situationen präziser einzuschätzen und Widerstände auszuhalten.

Ein solcher Prozess der Meinungsbildung ruft förmlich nach Umsetzung. Er erzeugt bei Managern die Lust und den Willen zu handeln und fördert gleichzeitig deren Authentizität.

Das fruchtbare Zusammenspiel von Wahrnehmen – Entscheiden – Handeln sollte auch im Wirtschaftsleben der Leitfaden für eine neue Führungskompetenz sein. Diese ist weniger auf den Augenblick als auf Nachhaltigkeit ausgerichtet und unterstützt somit langfristig die Substanz eines Unternehmens.

Mein Buch soll den Lesern Anregung sein, ihre Führungskompetenz künftig zuverlässiger und souveräner auf Basis dieses Dreiklangs, ganz ihrem Charakter und individuellen Vermögen entsprechend, zu entfalten.

München, Juni 2008

Wahrnehmen

Die 360-Grad-Wahrnehmung

Je höher der berufliche Druck, desto mehr verengt sich das Gesichtsfeld. Dieser Tunnelblick ist eine verständliche Abwehrreaktion, wenn sich der Mensch überfordert fühlt. In bedrohlichen Situationen kann ein kurzfristig verengter Fokus eine schnelle und hilfreiche Reaktion auslösen, aber danach muss sich das Gesichtsfeld sofort wieder weiten. Dauerstress unterdrückt die Wahrnehmungsfähigkeit. Der Tunnelblick darf nicht zum alltäglich eingesetzten Managementinstrument werden, um damit unsere Handlungsfähigkeit zu gewährleisten. Die Befähigung, im Berufsalltag eine offene 360-Grad-Wahrnehmung durchzuhalten, ist bisweilen anstrengend, wird aber mit Erfolg belohnt. Das Bewusstsein, mit bestem Wissen und Gewissen widersprüchlichste Aspekte erkannt und geprüft zu haben, hält auch stärksten Gegenwind aus. Man erwirbt Standvermögen und Sicherheit, wenn man sich nicht mit blindem Aktionismus zufrieden gibt und mehr schlecht als recht in Not-Entscheidungen flüchtet.

Offenheit kontra Tunnelblick

Wenn ein Dirigent ausschließlich diejenigen Instrumentengruppen des Orchesters auswählt und dirigiert, deren Ton ihn persönlich befriedigt oder die er selbst spielen kann, dann wird er niemals einen harmonischen Gesamtklang formen können, in dem das gesamte Orchester mit seinem Reichtum an Farben zur Geltung kommt. Er muss alle Stimmen wahrnehmen und sie in ihrer Unterschiedlichkeit berücksichtigen, um der vielschichtigen Partitur nicht nur in Teilaspekten gerecht zu werden. Der Tunnelblick eines Dirigenten würde konzeptionell wichtige Instrumente und Gruppen mangels Herausforderung verkümmern lassen, gleichzeitig würden zweitrangige Nebenstimmen das Werk dominieren. Ein fatales Ungleichgewicht in Bezug auf einen umfassenden Gesamtklang wäre die Folge.

Viele schreiben sich ein hohes Maß an Offenheit zu, berücksichtigen aber nicht ihren halbautomatisch wirkenden Wahrnehmungsfilter, der hauptsächlich für das Selbstwertgefühl arbeitet, indem er die angenehmen und unkritischen Aspekte, also die eigenen Wunschvorstellungen betont.

Wenn beispielsweise ein Manager lange für die Realisierung einer Sache gekämpft hat, will er sie manchmal selbst dann noch durchziehen, wenn sie aufgrund veränderter Umstände eigentlich nicht mehr gerechtfertigt ist. Anstatt die neuen Bedingungen zu erkennen und seine Strategie zu korrigieren, konzentriert sich sein Streben darauf, einen Gesichtsverlust möglichst zu vermeiden. Dabei wird fast immer vergessen, dass eine umfassend begründete Korrektur meistens honoriert wird und einen Imagegewinn zur Folge hat.

Der Wahrnehmungsfilter ist auch aktiv, wenn Manager prinzipiell Entscheidungen bevorzugen, die auf Akzeptanz und wenig Widerstand stoßen. Denn eine ausgeprägte Wahrnehmungsfähigkeit führt naturgemäß zu Entscheidungen, die weniger das eigene Ego als die Sache zum Inhalt haben.

Innerhalb des Orchesters bildet eine ausgeprägte 360-Grad-Wahrnehmung die Grundlage des gemeinsamen Handelns, auch wenn viele Konzertbesucher glauben, dass Orchestermusiker eindimensional auf den Dirigenten ausgerichtet sind. Musiker nehmen die Instrumentengruppen hinter sich durch ein sehr waches

Hinhören wahr, und die Kollegen, die im 180-Grad-Radius um sie herum platziert sind, zusätzlich mittels Augenkontakt. Jeder Einzelne versteht sich als Mittelpunkt eines Wahrnehmungskreises, der alle Informationen von rundherum aufsaugt, während er gleichzeitig Informationen an sein Umfeld sendet, im Wissen, dass diese von der 360-Grad-Wahrnehmung der anderen empfangen werden.

Nichts wäre im Orchester schlimmer als beispielsweise ein Geiger, der bei einer generellen Beschleunigung des Tempos einfach stur weiterfiedeln würde wie gehabt. Solche Charaktere mit Tunnelblick registrieren erst wenn das Licht ausgeht, dass sowohl Kollegen als auch Zuhörer schon längst den Saal verlassen haben.

Besonders scharfsinnige Persönlichkeiten rechtfertigen ihren Tunnelblick oft mit geschickten Argumenten, ohne sich ihrer Selbstbeschränkung bewusst zu sein. Die Auslöser für dieses Verhalten sind oft Ignoranz und Bequemlichkeit, denn es erfordert eine hohe Bereitschaft, sich langfristig eine innere Lebendigkeit, Offenheit und Neugierde zu bewahren. Gleichzeitig verselbstständigt sich eine über Jahre gelebte Wahrnehmungsreduzierung oft so sehr, dass sie irgendwann mit dem Charakter verschmilzt und zum zweifelhaften Maßstab für Beurteilungen wird. Dadurch beraubt man sich am Ende tatsächlich der Fähigkeit, zwischen Schein und Wirklichkeit zu unterscheiden.

Manchmal filtert und kanalisiert man die Wahrnehmung ganz bewusst, im Sinne einer künstlichen Stabilisierung des eigenen Egos, ohne ergründen zu wollen, was der tiefere Grund dieser freiwillig auferlegten Reduzierung ist.

Es wäre somit einerseits logisch, andererseits eine Frage des Selbstverständnisses und der Verantwortung, sich manchmal zu hinterfragen, ob die eigene Wahrnehmung tatsächlich nur unwichtige Aspekte, die reine Zeitverschwendung wären, verhindern und unterdrücken will. Oder ob es sich vielleicht um bedenkenswerte Dinge handelt, die man in sich erst gar nicht zulassen will, um nicht das Ego und die eigenen Wunschvorstellungen zu gefährden. Es ist so banal wie schwierig umzusetzen: Wahrnehmung verlangt uns zuallererst Wahrnehmungsbereitschaft ab.

Eine offene, wahrnehmungsfähige Führungskraft demonstriert, dass sie sich ihrer Verantwortung für Mitarbeiter, Team und Unternehmen bewusst ist und sich dieser Herausforderung umfassend stellen will. Gleichzeitig verliert eine Führungskraft an Autorität, wenn die Mitarbeiterinnen und Mitarbeiter spüren, dass sie sich nur die positiven, angenehmen und stabilisierenden Eindrücke aus dem 360-Grad-Wahrnehmungskuchen herauspickt, um ein möglichst souveränes Bild abzugeben und das Image zu vermitteln, über den Dingen zu schweben.

Heutzutage wird ja einem Manager bereits ein hohes Berufs-Ethos zugeschrieben, wenn er sich einer Herausforderung offen und ehrlich stellt, ohne unentwegt nur auf die Wirkung in Bezug auf das eigene Ego zu schielen. Manche bewundern beispielsweise die Souveränität einer Führungskraft, die aufgrund neuer Einsichten ihren heftig vertretenen Standpunkt ändert und dies auch ganz offen zugibt. Ich lehne diese Verklärung ab. Denn damit verleiht man einer Selbstverständlichkeit, die das Basis-Handwerkszeug einer jeden Führungskraft ausmacht, eine Auszeichnung, die sie nicht verdient.

Man bewundert ja auch keinen Musiker dafür, dass er stets genau und offen auf alle Mitspieler um ihn herum hört, mit denen er auf der Bühne zusammen spielt. Dieses Verhalten beweist schlicht seine Professionalität. Mit Berufsethos hat es nichts zu tun. Es ist die erste Aufgabe einer Führungskraft, Einflüsse unterschiedlichster Natur für eine Beurteilung wahrnehmen zu wollen, ohne alles immer nur rückbezüglich auf den eigenen Nutzen zu filtern.

Eine offene 360-Grad-Wahrnehmung ist nicht immer leicht zu ertragen. Das sollte jedoch nicht dazu verführen, in die daraus gewonnenen Informationen die individuellen, heimlichen Wunschvorstellungen hineinzuinterpretieren. Zwar nimmt man bei dieser Strategie noch wahr, was tatsächlich Realität ist, aber gleichzeitig versucht man sie zu beugen, in dem man ihr die eigenen Ziele und Bedürfnisse aufzwingt. Manches muss man einfach so akzeptieren, wie es ist, und dann auch so stehen lassen.

Bisweilen erinnern Manager bei ihren Versuchen, sich die unangenehme Wirklichkeit schön zu denken, an die bösen Schwestern im Grimm'schen Märchen Aschenputtel, die sich absichtlich unter Schmerzen verstümmeln, indem sie sich ihre Zehen und Fersen abhacken, in der Hoffnung, danach in den goldenen Schuh zu passen.

Je mehr Offenheit eine Führungskraft ausstrahlt, desto höher schätzen Mitarbeiter intuitiv deren wahres Selbstbewusstsein ein. Diese Offenheit zeigt sich beispielsweise in einem wachen und von Hierarchien absehenden Blick von Mensch zu Mensch, einer Körpersprache, die nicht Abwehr, sondern Zugänglichkeit signalisiert, und in einem Gesprächsstil, der nicht wie eine lästige Pflicht wirkt, die sich in belanglosen, leeren Floskeln erschöpft.

Umgekehrt kann man sagen: Je ausgeprägter der Tunnelblick einer Führungskraft, desto mehr demonstriert sie die eigene Ur-Angst vor mangelnder Zustimmung und Akzeptanz. Dann beschleicht Mitarbeiter das permanente Unbehagen, nicht an sie ranzukommen, nicht gehört und letztlich nicht geschätzt zu werden. Meist ist eine solche Führungskraft umgeben von einer Aura der permanenten Überforderung. Ihr verengtes Gesichtsfeld baut langfristig in ihr Druck und Spannungen auf, die in der Folge nach außen hin nicht ohne Wirkung bleiben, und dies begünstigt wiederum bei den Mitarbeitern den Tunnelblick, aufgrund von Abwehr und Verunsicherung. Ein Teufelskreis.

Nachdem in der heutigen Wirtschaftswelt nur die harten Fakten zum Maßstab genommen werden, lassen wir unsere Wahrnehmung, die mehr im Verborgenen wirkt, kläglich verkümmern. Es führt aber kein Weg daran vorbei: Wir müssen diese Fähigkeit wieder aktivieren, um besser entscheiden und handeln zu können. Allerdings sollte das nicht der einzige Motivationsgrund sein, denn Wahrnehmung bedeutet vor allem Lebensqualität. Selbstverständlich ist dieser Weg bisweilen steinig, er bietet aber beste, bisweilen sogar überwältigende Aussichten. Hingegen kann unsere Tendenz, lieber auf weichen, ausgerollten roten Teppichen zu wandeln, während uns das Publikum an der Seite freundlich applaudiert, verhängnisvoll in eine Sackgasse führen.

Ein Weinbauer mit Tunnelblick würde ohne Zweifel kläglich scheitern. Boden, Trauben, Sonne und Feuchtigkeit sind in jedem Jahr aufs Neue zu bewerten. Er wird die Natur konstant mit wachem Auge und Sensibilität beobachten, um den richtigen Zeitpunkt für die Weinlese daraus abzuleiten. Niemals würde er auf die Idee kommen, erfolgreiche Vorjahre als allzeit gültigen Maßstab zu nehmen, nach dem er sich künftig blind und schablonenhaft richtet. Er wird seine Entscheidungen und Handlungen weder von seinem Wunschdenken noch von dem der Kunden abhängig machen. Nur seine unmittelbare Wahrnehmungsbereitschaft für das, was tatsächlich in der Natur um ihn herum passiert, inklusive aller unvorhersehbaren Überraschungen, bringt ihm den erwünschten Erfolg.

Sensibilität kann irritieren

Als Künstler macht man immer wieder aufs Neue die leidvolle Erfahrung, dass einen gerade Musik, die man intensiv empfindet, unvermittelt aus dem Konzept wirft. Denn um ein hohes Niveau zu bieten, braucht man nicht nur innere Lebendigkeit und Einfühlungsvermögen, sondern stets auch eine perfekte technische Präzision. Als ich einmal im Orchester die 8. Symphonie von Bruckner spielte, wurde ich von der Musik so sehr ergriffen und mitgerissen, dass mir während des Konzerts plötzlich fast der Violinbogen aus der Hand fiel. Meine Sensibilität hätte dem Orchester und Publikum fast die Aufführung verdorben. Man muss sich als Künstler also einerseits schonungslos der Musik aussetzen, damit auch die Zuhörer nachhaltig berührt werden, andererseits darf man die Grenze nicht überschreiten, welche garantiert, dass man die technischen Fertigkeiten kontrollieren kann. Katastrophal wäre der Versuch, alle Sensibilität sicherheitshalber zu blockieren, damit man das Konzert technisch hürden- und einwandfrei zu Ende bringen kann. Mit dieser Strategie wären Sinn und Zweck eines Konzerts grundsätzlich verraten und wertlos geworden.

Grundsätzlich gehört es zum Wesen wahrer Sensibilität, dass sie Verunsicherungen verursachen kann. Das sollte kein Anlass sein, sich lieber wieder reflexartig abschotten und sogleich auf sicheres, überschaubares Terrain begeben zu wollen. Die entscheidende Frage ist, ob man diese Irritationen zutiefst persönlich nimmt und dadurch verunsichert wird, bis hin zu einer Minderung des Selbstwertgefühls. Man muss bei einer offenen, filterlosen Wahrnehmung stets mit Irritationen rechnen, da man niemals im Voraus absehen kann, ob sich Sinneseindrücke positiv oder negativ auswirken. Zum Trost sei gesagt, dass man dann jedenfalls nicht in Traumwelten ohne Realitätsbezug lebt. Wenn man lernt, bei kurzfristigen Verwirrungen etwas Distanz einzunehmen, und sie als interessanten und lehrreichen Faktor begreift, können diese eine fruchtbare Entwicklung anstoßen.

Versucht man hingegen, Verunsicherungen weitgehend zu vermeiden, wird zwar zunächst das Selbstwertgefühl stabilisiert, aber nur, um bei der ersten harten Konfrontation mit der Realität zusammenzubrechen. Verwunderlich ist die Tatsache, dass sich andere Menschen von diesem Pseudo-Selbstbewusstsein oft beeindrucken lassen. Wahrscheinlich nicht zuletzt deswegen, weil sie selbst unbewusst ebenso von ihrem Tunnelblick und ihren Wunschvorstellungen beherrscht sind. Eine sensible Wahrnehmung kann jedoch verhindern, auf Menschen hereinzufallen, deren Selbstbewusstsein auf Ignoranz und Inkompetenz beruht.

Menschen entwickeln sich zu authentischen Persönlichkeiten, wenn sie sich nicht abschotten, sondern alle Abstufungen von Eindrücken in sich zulassen und diese mit Selbstkritik einerseits und Selbstbewusstsein andererseits für sich zu nutzen wissen. Jegliches Ausklammern kostet Kraft, blockiert und führt wie in einem Teufelskreis zu einer noch heftigeren Abschottung vor realistischer, ehrlicher Wahrnehmung und zum panikartigen Versuch, sich seine Welt ausschließlich nur mehr nach persönlichem Wohlbefinden und Gutdünken zusammenzubasteln.

Bei einer Führungskraft hat dieser sich selbst stabilisierende Tunnelblick, der nur mehr fähig ist, andere Tunnel zu erkennen, verheerende Auswirkungen. So als würde man auf einer Fahrt durch die Schweiz die bunte, vielfältige Bergwelt gar nicht mehr sehen, nur den nächsten dunklen, engen Tunnel, der einem Sicherheit und ein klar überschaubares Blickfeld bietet. Das gleißende Licht am Ende der Röhre, die Farben, die Gletscher, der Wind, die Regenschauer, all das würde nur als Mühe und Überreizung der Sinne empfunden. Und schon bewegt man sich auf das nächste schwarze Loch zu, ein Gefühl der Erlösung in dieser so wahnsinnig vielfältigen Welt.

Deswegen müssen sich verantwortungsvolle Manager stets darüber im Klaren sein, dass ihr Unternehmen in einer komplexen und interaktiven Welt agiert und nicht auf einem abgeschotteten Markt. Wer dafür nicht den Blick hat, ist fehl am Platz.

Man führe sich Platons berühmtes Höhlengleichnis vor Augen,

das von Menschen handelt, die in einer unterirdischen Höhle festgebunden sind und immer nur auf die ihnen gegenüberliegende Höhlenwand schauen können. Hinter ihnen brennt ein Feuer, und zwischen dem Feuer und ihren Rücken werden Gegenstände vorbei getragen, die Schatten an die Wand werfen. Nach diesem Gleichnis sind es die Schatten der Dinge – sie stehen für unsere sinnlich wahrnehmbare Welt –, nicht die Dinge selbst, die wir sehen können. Nur die Befreiung aus dieser Lage, der Blick zurück ins blendende Feuer und der Aufstieg aus der Höhle führen auf den Weg der Erkenntnis.

Es ist, als ob wir in unserem Alltag bequem in einer dunklen Höhle leben, deren enger Horizont uns in einer überschaubaren Welt Sicherheit bietet. Jeder Versuch, unser Gesichtsfeld zu weiten, wird uns einige Mühen und Verwirrungen bescheren. Aber letztlich erlangen wir nur auf diesem Wege Erkenntnis und auch eine fundierte und glaubwürdige Entscheidungs- und Handlungskompetenz. Nicht nur Menschen, die Verantwortung tragen, sollten sich dieser Haltung verschreiben. Schon das damit verbundene Vermögen, künftig uns selbst und unser Umfeld besser zu verstehen, spricht dafür.

Wir haben ein intuitives Gefühl für die Realität, auch wenn wir uns im Laufe der Jahre einige Wahrnehmungsfilter eingebaut haben. Sei es aus Selbstschutz oder aus mangelndem Willen, sich mit der Welt auseinanderzusetzen. Leider wird das Leben damit nur scheinbar einfacher und übersichtlicher, denn langfristig steht das Selbstwertgefühl auf sehr brüchigem Boden, der bei der ersten Belastung einzustürzen droht. Ein dauerhaft fundiertes Selbstbewusstsein muss immer wieder auf Basis eines wahrnehmungsoffenen Realitätsbezugs errungen werden.

Fast jeder Mensch kommt irgendwann im Leben an einen Punkt, wo er spürt, dass die alten Filter-Strategien nicht mehr funktionieren. Aber wenn er versucht, diese Filter plötzlich zu deaktivieren, trifft ihn die Wirklichkeit bisweilen unvorbereitet hart. Schutzlos ist er plötzlich Intrigen, Neid, Machtkämpfen, dem Aktionismus anderer oder einer unerträglichen Oberflächlichkeit ausgesetzt. Ein Gefühl der Melancholie und Sinnlosigkeit kann die Folge sein.

Diese anfänglichen Mühen dürfen nicht der Anlass sein, sogleich wieder »zuzumachen« und den vertrauten Wahrnehmungsschutz einzuschalten! Wir müssen diese ersten Hindernisse ganz entspannt als natürliche Reaktion begreifen, weil wir eben noch nicht geübt darin sind, all die vielen Eindrücke, die plötzlich ungehindert wie Meteoriten auf uns einschlagen, einzuordnen. Wenn wir nicht aufgeben, werden wir belohnt. Die anfängliche Überforderung der Sinne wird sich auflösen, die Luft wird klar und erfrischend sein nach den ersten wilden Gewitterstürmen. Und plötzlich treten auch die angenehmen und heilsamen Seiten unversperrt in unser Blickfeld, die wir aufgrund unseres Wahrnehmungsdefizits früher überhaupt nicht in dieser Intensität und Dichte vermutet hätten:

Wir werden nämlich nach und nach gewahr, dass es eine Fülle positiver Einflüsse in unserem Umfeld gibt wie Unterstützung, Vertrauen, Ehrlichkeit, Respekt, Wärme, Menschlichkeit.

Es entspricht dem Wesen einer sensiblen Wahrnehmung, dass man nicht nur für die schönen und positiven Eindrücke offen sein kann, bei gleichzeitigem Bemühen, die unangenehmen auszugrenzen und erst gar nicht an sich ranzulassen. Man bekommt leider immer beide Seiten der Medaille und zusätzlich noch unzählige Schattierungen dazwischen zu spüren. Aber wir werden all diese Dinge bewusster, direkter, ehrlicher und durchdringender erleben.

Wenn sich diese neue innere Offenheit langsam stabilisiert hat, überfordert uns die unberechenbare Fülle der Eindrücke nicht mehr. Wir werden unterscheiden und Prioritäten setzen können.

Und unser Interesse richtet sich dann entspannt auf die Vielfalt und Widersprüchlichkeit der menschlichen Natur. Vielleicht beschleicht uns manchmal sogar mit Augenzwinkern die Ahnung, dass wir alle zusammen betrachtet ziemlich erstaunliche und seltsam getriebene Wesen sind und deshalb eigentlich schon wieder liebenswert.

Ein dickes Fell bedrückt

Ich kann mich an einen Leitsatz erinnern, den ich von meinen Professoren in meiner Studienzeit oft hören musste und schon damals intuitiv als widersinnig und völlig falsch empfand: »Künstler mit einem dicken Fell haben es viel leichter.«

So sehr ich auch versucht habe, mir ein dickes Fell zuzulegen, um die auf mich einstürmenden Sinnesreize zu unterdrücken, es wollte mir einfach nicht gelingen. Ich arbeitete mich wohl oder übel an diesem scheinbaren Wettbewerbsnachteil ab, leider zu viel als zu wenig wahrzunehmen. Als erstrebenswertes Vorbild beschrieb mir mein Professor einen berühmten Geiger, der stets mit einer Aura der Unantastbarkeit auf der Bühne stand, nur auf seine Aufgabe konzentriert und tief in seine eigene Welt versunken. Selbst wenn der Konzertsaal abbrennen und das Publikum schreiend davonlaufen würde, sagte mein Lehrer ihm nach, würde dieser Künstler mit seinem dicken Fell einfach ungerührt weiterspielen und vom Chaos um ihn herum nicht das Geringste mitbekommen. Wahrscheinlich würde er das Konzert auch mitten im Feuersturm fertig spielen und erst am Ende voller Überraschung die rauchenden Trümmer um sich herum bemerken.

Mir war insgeheim sofort klar, dass ich an des Vorbilds Stelle wohl als Erster im Saal überhaupt das Feuer riechen und die Bühne fluchtartig verlassen würde. Frustriert sagte ich mir, dass ich nicht die geringste Chance besaß, irgendwann in meinem Leben dem Vorbild diesbezüglich das Wasser reichen zu können.

Der Zufall wollte es, dass ich Jahre später mit diesem Geiger zusammenarbeitete. Ich erzählte ihm diese Jugendgeschichte nach getaner Arbeit bei einem Glas Wein. Anfangs hörte er nur interessiert zu, dann versuchte er, sein Schmunzeln zu verbergen, am Ende konnte er sich vor Lachen kaum mehr halten. Ich war ein wenig irritiert. Daraufhin erzählte er mir im Laufe des Abends zahlreiche Anekdoten aus seinem reichen Künstlerleben, die alle auf den gleichen Punkt hinausliefen. Seit Jahrzehnten würde er beim Spielen auf dem Podium jedes kleinste Detail um ihn herum unmittelbar und in aller Deutlichkeit wahrnehmen. Ob sich nun jemand in der letzten Reihe des dunklen Konzertsaals mit einem Taschentuch die Nase putze oder hinter seinem Rücken unruhige Bewegungen stattfänden, stets würde er alles registrieren. Aber dieses Wahrnehmungsvermögen würde ihn keinesfalls ablenken von seiner gelassenen Konzentration, schließlich nehme er ja genauso die erwartungsvolle und positive Atmosphäre der Zuhörer im Raum wahr.

Am Ende schloss er seine Ausführungen mit dem Hinweis: »Mein Lieber, merken Sie sich eines: Musiker, die ein schönes, dickes Fell haben, können vielleicht solide Handwerker und Techniker sein, wahre Künstler sind sie niemals!«

Ich erinnere mich an eine Aussage meines Sohnes, als er die zweite Klasse der Grundschule besuchte. Dort gab es die üblichen Pöbeleien unter Jungs und als wir einmal darüber sprachen, sagte er mir: »Weißt du, mich verhaut hier keiner, denn ich sehe bei allen Jungs schon fünf Minuten vorher, wann sie sauer werden. Die einen kriegen schmale Lippen, die anderen gucken so eigenartig. Und dann verschwinde ich lieber, bevor was passiert.«

Mit einem »dicken Fell« hätte er weder die Verhaltensänderung der Mitschüler beobachten noch diese verstehen können. Er wäre gegebenenfalls von einer Aggression völlig überrascht worden und hätte nur mehr unvorbereitet reagieren können.

Allzu oft sind wir in der misslichen Lage, zu spät zu reagieren, weil wir unsere Sinne im Vorfeld nicht rechtzeitig und nicht richtig eingesetzt haben. Unsere Wahrnehmungsbereitschaft ermöglicht nicht nur im zwischenmenschlichen Bereich, dass wir Strömungen erkennen, bevor sie sich in aller Heftigkeit und Schonungslosigkeit als Konsequenz manifestieren. Es gibt genügend Beispiele aus der Geschichte, die beweisen, dass manche negativen Entwicklungen durchaus vorhersehbar gewesen wären, wenn die Mehrheit ihre Augen und Herzen nicht so bereitwillig verschlossen hätte, aus welchen Motiven auch immer.

Wir zimmern uns mit Vorliebe die Wirklichkeit nach unserem Geschmack, so wie es uns gerade angemessen erscheint; die späteren Folgen blenden wir aus. Wenn wir doch mehr Mut und Weitsicht besäßen, nicht nur unseren kurzzeitigen Nutzen wahrzunehmen, wären wir seltener dazu verdammt, auf die fatalen Folgen unserer Abschottung unvorbereitet reagieren zu müssen.

Wenn es allerdings bereits zu spät ist, dann hilft uns in dieser Stresssituation vielleicht sogar eine kurzfristige tunnelblickartige Verengung unseres Gesichtsfeldes. Aber eine langfristige berufliche Beanspruchung braucht unbedingt eine umfassende 360-Grad-Wahrnehmung, damit wir klar unterscheiden und Prioritäten setzen können und uns die Dinge nicht über den Kopf wachsen.

Durch eine ausgewogene Wahrnehmung bleiben wir handlungsfähig und nicht zuletzt behalten wir auch die Kontrolle über unser psychisches Befinden, weil wir die Auslöser für den empfundenen Druck besser verstehen lernen:

Falls es die reine Sachlage ist, die einen unter Druck setzt, kann man sich erlauben, sie nüchtern und emotionsloser zu betrachten, und sich gleichzeitig konzentriert einen Plan zurechtlegen, der Situation angemessen zu begegnen. Allein diese Gewissheit schafft bereits Erleichterung. Beruht der Stress nicht auf einer faktischen Arbeitsüberlastung oder schwierigen Problematik, sondern ist der Auslöser die Willkür eines Vorgesetzten, so ermöglicht auch hier die Wahrnehmungsfähigkeit, dass man dessen Motive durchschaut und mit Pragmatismus Strategien entwickelt, unangenehme Konsequenzen abzuwehren. Reaktionsfähigkeit statt Verzweiflung.

Einsichten sind Privatsache

Wenn ein Musiker ein Werk auf seine Art und Weise interpretiert, trifft er eine persönliche Aussage. Gleichzeitig weiß er, dass diese Musik, von einem anderen Künstler dargeboten, zwangsläufig unterschiedlich ertönen würde. Sowohl rhythmisch als auch in den klanglichen Nuancen bis hin zu enormen Differenzen der Dauer einer Komposition. Wenn man verschiedene Einspielungen eines Werks vergleicht, ergeben sich manchmal Abweichungen von bis zu einigen Minuten, wie jeder Musikliebhaber weiß.

Die Version eines Künstlers entspricht seinem Charakter, seiner Ausdrucksweise, seiner Emotionalität und insbesondere seinen intellektuellen Einsichten in Bezug auf den Komponisten und sein Werk. Niemals könnte er den Stil einer anderen Künstlerpersönlichkeit kopieren. Gleichzeitig ist er sich bewusst, dass seine Sicht ebenfalls nicht auf andere übertragbar ist. Selbst wenn die Feuilletons seine Interpretation kritisieren, kann er das Stück am nächsten Tag nur wieder auf die gleiche Art und Weise spielen, denn es trägt seine unverwechselbare Handschrift, die in Jahren gereift ist.

Individuelle Prägung ist nicht zu verwechseln mit mangelnder Wahrnehmungsfähigkeit und Offenheit. Es hat sich beispielsweise gezeigt, dass aufgeklärte Zeitungsleser einen politischen Artikel, dessen Inhalt ihrer eigenen Ansicht völlig widerspricht, eher als Bestätigung ihrer gegensätzlichen Meinung empfinden. Diese im ersten Moment merkwürdige Reaktion kann schnell zu falschen Rückschlüssen führen. Es scheint, dass wir nur diejenigen Gesichtspunkte zulassen und herauspicken, die ohnehin unsere vorgefertigte Meinung spiegeln. Fazit: Wir sind weder wahrnehmungsfähig noch lernfähig und lassen uns nicht einmal von guten Argumenten dazu bewegen, unsere ignoranten Scheuklappen abzulegen. Nichts vermag wohl unsere trägen und dumpfen Meinungen zu beeinflussen.

Diese Interpretation ist auf den zweiten Blick jedoch als abwegig anzusehen. Denn das Resultat beweist eher das genaue Gegenteil, nämlich dass uns eine gesunde Skepsis vor allzu vorschnellen Urteilen bewahren kann: Echte Wahrnehmung braucht Zeit.

Aus dieser Perspektive betrachtet wäre es mehr als irritierend, wenn ein Journalist nur aufgrund eines erstklassig geschriebenen Textes beim Leser sogleich eine Modifikation der in vielen Jahren gewachsenen Ansichten bewirken würde!

Was also im ersten Moment ein sichtbarer Beleg für unsere Unflexibilität und Wahrnehmungsignoranz zu sein scheint, entpuppt sich bei näherer Betrachtung als wertvoller und überaus tröstlicher Charakterzug: Wir wechseln eben nicht tagtäglich unsere Meinungen wie die Socken. Es braucht eben mehr, bis wir uns beeinflussen und tatsächlich überzeugen lassen. Das sollte man keinesfalls als Charakterschwäche betrachten, sondern als Beweis innerer Stärke.

Eine gewisse Skepsis ist gesund und macht uns viel weniger manipulierbar. Denn allzu oft wird das Wort »Wahrnehmung« von Interessengruppen missbraucht. Diese werfen mit Vorliebe gerade denjenigen einen ignoranten Tunnelblick vor, die sich nicht vorbehaltlos für ihre Zwecke einspannen lassen und nicht willenlos nach ihrer Pfeife tanzen.

Der demagogische Vorwurf, nicht richtig wahrnehmen zu wollen, was einem andere vorgegeben haben, ist ja argumentativ nicht leicht von der Hand zu weisen und somit ein geschickter Schachzug der Herabsetzung. Aber man sträubt sich völlig zu Recht, vorbehaltlos als eigene »Wahr-Nehmung« zu akzeptieren, was andere für »wahr« befunden haben, nur weil es ihren Interessen nützt.

Viele Meetings in Unternehmen laufen nach diesem Prinzip. Wenn beispielsweise ein erfolgreich am Markt agierendes Unternehmen die Chefposition im Marketing auswechselt, gehört es zum Selbstverständnis der neuen Führungskraft, nicht einfach das Bewährte fortzuführen, sondern eigene Akzente zu setzen. Demzufolge wird der Kunde neu vermessen und bewertet, denn man will ja künftig noch näher ran an ihn. Die tiefschürfenden und oft überraschenden Analysen beruhen angeblich auf sensibleren Wahrnehmungsmethoden. Den Vertriebsleuten werden dann veränderte Kundenbedürfnisse und entsprechend abgewandelte Verkaufsstrategien suggeriert, die im Widerspruch zu ihren täglichen Erfahrungen stehen. Am Ende stellt sich heraus, was alle von der ersten Sekunde an dachten, aber nicht auszusprechen wagten: Der ganze sinnlose Aufwand entsprang dem Ehrgeiz der Führungskraft, sich mit ungewöhnlichen Wahrnehmungsmodellen zu profilieren. Größerer Schaden wurde nur abgewendet, weil sich die meisten bei ihrer Arbeit insgeheim der verordneten Wahrheit widersetzten und weiterhin auf ihre unmittelbaren und erfolgreichen Erfahrungen vertrauten.

Sinnvoller wäre es, wenn eine neue Führungskraft sich nicht zu schade wäre, zuerst die Erfahrungen der erfolgreichen Mitarbeiterinnen und Mitarbeiter einzuholen, anstatt sogleich mit Erkenntnissen aufzutrumpfen, die mehr das krampfhafte Bemühen widerspiegeln, sich vom Üblichen abzuheben, als die Realitäten des Marktes.

Jeglicher Versuch, anderen Menschen vorzuschreiben, was sie wahrzunehmen haben, ist ein unangemessener Eingriff in die Privatsphäre und Würde des Menschen, also eine Verletzung der Persönlichkeitsrechte.

Wahrnehmung ist Lebensqualität

Ich hatte das Glück, mit einigen außergewöhnlichen Künstlern zusammenzuarbeiten und sie genauer kennenzulernen. Bei aller Unterschiedlichkeit haben sie eines gemeinsam: Ihr Selbst-Bewusstsein ist kein stabiles, in Beton gegossenes und stets verlässliches Fundament, sondern muss tagtäglich aufs Neue erlebt und errungen werden. Ihr Selbstbewusstsein befindet sich im Spiel und Fluss der Kräfte und wird von einem ausgeprägten »Bewusst-Sein« geprägt, das mit sich selbst im kontinuierlichen und kritischen Austausch steht. Nur dadurch erhalten sich große Künstler ihre Wachheit, Präsenz und Lebendigkeit. Ihre Hypersensibilität kann ihnen zwar manchmal eine Bürde sein, aber die ihnen zugeschriebene Exzentrik ist viel weniger ego-zentrisch als in der Öffentlichkeit dargestellt und wahrgenommen. Sie ist oft nicht viel mehr als das verständliche Bedürfnis, sich ein wenig abzuschotten. Große Persönlichkeiten bleiben über alle Hindernisse und Belastungen hinweg stets enorm durchlässig und wahrnehmungsfähig und dadurch schutzlos nach außen hin und nach innen. Das ist ihr Erfolgsgeheimnis.

Man kann auch in einem Wirtschaftsbuch die Wahrnehmungsfähigkeit nicht nur aus der rein beruflichen Perspektive betrachten, denn sie ist ein Wert an sich.

Menschen, die privat offen und wahrnehmungsfähig sind, können dieses Vermögen im Job nicht einfach abschalten, und wenn doch, dann nur im Sinne einer bewussten Reduzierung, vielleicht aus Frust oder aus welchen Gründen auch immer. Ein berufliches Ausklammern von Sensibilität führt langfristig leider auch im Privatleben zu einem Verlust dieser Fähigkeit. Umgekehrt hat eine schwierige private Situation, die unser Gesichtsfeld beschneidet, auch Auswirkungen auf unser Berufsleben.

Dass eine offene Wahrnehmung das Fundament für Inspiration und Kreativität ist, versteht sich wohl von selbst. Menschen mit einer ausgeprägten Wahrnehmungsfähigkeit werden als souverän und authentisch empfunden. Ihr Umfeld spürt förmlich, dass ihnen das Selbstbewusstsein und Selbstverständnis innewohnt, auch unliebsame Eindrücke anzunehmen, ohne gleich irritiert zusammenzuschrecken.

Wahre Souveränität ist das Vermögen, den Dingen gelassen ins Auge sehen zu können, ohne ein dickes Schutzfell zu benötigen, um störende Eindrücke von vornherein auszuklammern. Diverse Verdrängungsversuche klappen ohnehin nur dann gut, wenn man viele Jahre alle Energie darauf verwendet hat, die angeborene kindliche Lebendigkeit in sich zu ersticken. Dann richtet sich unsere Wahrnehmungsignoranz mit aller Härte gegen uns selbst, indem wir uns mit einem Minimum unserer menschlichen Fähigkeiten zufriedengeben. Damit reduzieren wir auf dramatische Weise unsere gesamte Lebensqualität. Dieser Verlust trifft den Menschen umfassend, denn seine Persönlichkeit lässt sich nicht in eine berufliche und eine private aufsplitten.

Das sollte Ansporn sein, unser Wahrnehmungsvermögen zu fördern, wo immer es geht, auch wenn und gerade weil wir dabei Zweifel und Irritationen zulassen müssen.

Vergessen wir endlich den Unsinn, dass wir nur mutig, selbstbewusst und erfolgreich sein können, wenn wir zu Ignoranten werden! Diese Strategie wäre doch nur der sichtbare Beleg unserer Hilflosigkeit und Überforderung.

Wahrnehmung braucht Selbstprüfung

Eine kritische Selbstreflexion ist bekanntermaßen die Grundvoraussetzung für erfolgreiches Handeln. Es macht wenig Sinn, eine hervorragende Außenwahrnehmung zu haben, wenn wir nach innen nur in Ausnahmesituationen schauen, meistens in Momenten des Selbstmitleids oder der Melancholie.

Wenn Wunschvorstellungen blockieren

Ein Dirigent ist auf seine realistische Wahrnehmung bei der Umsetzung seiner Idee angewiesen. Wenn er mit einem neuen Orchester in Erinnerung an ein erstklassiges Konzert am selben Stück arbeitet, so kann ihn seine rückbezügliche Wunschvorstellung bisweilen mehr blockieren als befruchten. Jedes Orchester hat eine andere Identität, und daher kann eine Strategie, die bei dem einen erfolgreich war, beim anderen ins Abseits führen. Aus diesem Grunde muss der Dirigent kontinuierlich auf seine unmittelbare Außenwahrnehmung bauen und sie mit seiner subjektiven Vision abgleichen und in Einklang bringen. Nicht die Erinnerung an vergangene Erfolge ist sein Maßstab, sondern seine Fähigkeit, auf das jeweilige Orchester angemessen zu reagieren. Dabei bestimmt nicht sein Ego die Arbeitsstrategie, sondern die Musik, also der Inhalt, der unter veränderten Voraussetzungen aufs Neue zum Klingen gebracht werden muss.

Unsere Außen- und unsere Selbstwahrnehmung müssen sich ergänzen und gegenseitig befruchten; die eine erreicht nichts ohne
die andere. Das ist leicht gesagt und einleuchtend, aber im Alltag
nicht selbstverständlich, wie das folgende Beispiel zeigt.

Eine Managerin erzählte mir, dass sie mit ihrem Job unzufrieden war. Sie bewarb sich bei einem Unternehmen in einer anderen
Stadt, und schließlich bot man ihr eine Stelle an. Nach einigen
Gesprächen mit ihrem künftigen, auf sie sehr beeindruckend wirkenden Vorgesetzten und zwei Probe- und Einführungstagen kam
sie euphorisch zu dem Schluss, dass dies ihr absoluter Traum-Job
sei, und nahm ihn mit Freude an. Nach einigen Wochen im neuen
Arbeitsverhältnis empfand sie die Arbeitsatmosphäre zunehmend
als problematisch, und die an sie gestellten Aufgaben lagen weit
unter ihrem Niveau. In der Folge schmolz auch ihr anfänglicher
Respekt vor dem Chef, dessen Charakter sich als stur und autis-
tisch entpuppte. Nach zwei weiteren Wochen war sie völlig ver-
zweifelt, weil sich die gesamte Situation entgegengesetzt zu ihren
Erwartungen entwickelt hatte. Sie formulierte bei ihrer Schilde-
rung mir gegenüber mehrmals den Vorwurf, dass man ihr in den
Vorgesprächen definitiv etwas vorgegaukelt hätte.

Während eines Klärungsgesprächs mit mir glorifizierte sie
wiederum den ersten Eindruck von ihrem Chef, wie er sich in den
Vorgesprächen für sie dargestellt hatte. Sie hinterfragte diesen
Eindruck nicht. Gleichzeitig war sie verärgert, weil man ihr in den
Bewerbungsgesprächen absichtlich einen schönen Schein präsen-
tiert habe, der fern der Wirklichkeit sei.

Durch meine Fragen wurde ihr ganz langsam bewusst, dass
bereits im Vorfeld zahlreiche Hinweise auf eine problematische
Situation vorhanden waren, die sie jedoch ausklammerte, da sie
von ihrem Wunschbild angetrieben wurde. Es zeigte sich, dass sie
alle negativen Signale ignoriert oder verdrängt hatte, ihr Wahrnehmungsvermögen war auf Eis gelegt und ihr Filter höchst aktiv.
Hätte sie während des gesamten Entscheidungsprozesses nur ein

Mindestmaß an Austausch zwischen Außenwahrnehmung und einer selbstkritischen Reflexion zugelassen, wäre ihr die enorme Diskrepanz von Wirklichkeit, Schein und eigenen Wünschen sofort aufgefallen.

Ihre Außenwahrnehmung war ausschließlich von ihrem Wunsch bestimmt, den alten Arbeitgeber zu verlassen, und nicht von einer offenen 360-Grad-Wahrnehmung der neuen Situation. Sie gestattete sich während der gesamten Entscheidungsphase keine ehrliche Selbstreflexion, die ihr nicht nur ihre Fixierung auf den neuen Job ins Bewusstsein gebracht hätte, sondern auch die einschränkende Auswirkung dieser Fixierung auf ihre Wahrnehmung. Ihre sehnsüchtigen Wunschvorstellungen zwangen sie, den Realitätsbezug zu vernachlässigen, und damit konnten ihre geheimen Bedürfnisse im Verborgenen ihre Macht entfalten. Zum hohen Preis, dass sie den Job unter falschen Voraussetzungen annahm und der nachfolgende Berufsalltag ihren Interpretationen nicht standhalten konnte. Der Erklärungsversuch, man hätte ihr im Vorfeld etwas vorgegaukelt, war nicht die Wahrnehmung der tatsächlichen Lage, sondern nur die hartnäckige Verteidigung ihres Tunnelblicks während der gesamten Phase des gegenseitigen Prüfens.

Es dauerte eine Weile, bis sie bereit war einzusehen, sich allein durch ihr Wahrnehmungsdefizit in diese unangenehme Lage manövriert zu haben. Am Ende wurde offensichtlich: Nicht die anderen waren schuld. Sie haben ihr auch nichts vorgespielt, was nicht erkennbar gewesen wäre. Ihr blieb nichts anderes übrig, als zu kündigen und sich erneut auf Jobsuche zu begeben. Ihr Selbstbetrug kostete sie über ein halbes Jahr.

Der einseitige Röntgenblick

In meiner Zeit als Orchestermusiker habe ich Dirigenten erlebt, die das Orchester enorm gefordert haben. Bis zum Exzess probten sie allerlei Details, ließen einzelne Stimmen allein spielen und verlangten ungewöhnliche Interpretationen, die an die Grenze des technisch Machbaren gingen. Prinzipiell schätzen Orchester Dirigenten mit klaren Visionen. Peinlich wurde es jedoch, wenn der Maestro seine Maßstäbe mit majestätischem Habitus einforderte, er aber selbst nicht einmal in der Lage war, einen verständlichen Auftakt am Beginn eines Werkes zu dirigieren, auf den das Orchester präzise hätte einsetzen können. Dann wurde das Missverhältnis zwischen seinem Anspruch und seinen eigenen Fertigkeiten offensichtlich. Wenn der Dirigent nach seinem unzulänglichen Einsatz noch dazu das Orchester der Unfähigkeit bezichtigte, wurde es unerträglich. In solchen Fällen sehen sich die Musikerinnen und Musiker aus den Augenwinkeln heraus an, wohlwissend, dass sie ihre wertvolle Zeit vergeuden und sie es mit einem unverbesserlichen Ignoranten zu tun haben. Bis sich eine orchestrale Führungskraft erbarmt, aufsteht und dem Dirigenten zuflüstert, dass das Orchester seine Bewegungen einfach nicht verstehen könne. Ein spannender Moment: Wird sich der Boss hinterfragen und seinen Stil mit offenem Geist flexibel korrigieren? Falls ja, dann herrscht sogleich eine versöhnlichere Atmosphäre, weil allen klar wird, dass er die Fähigkeit zur Selbstkritik hat. Aber das ist selten der Fall, denn solche Dirigenten hätten Ursache und Wirkung schon längst selbst richtig eingeschätzt, ohne dem Orchester die Verantwortung für das Problem zuzuschieben. Daher reagieren die meistens Chefs mit der Geste der Brüskierung und sagen, wie unverschämt dieser Hinweis sei und dass bis zum heutigen Tag jedes Orchester ihres Lebens sie bestens hätte verstehen können. Die Musiker schalten in diesem Fall auf Durchzug, erfüllen pflichtgemäß Proben und Konzert, zählen die Minuten und warten nur noch sehnlichst darauf, bis er wieder weg ist. Eine hoffnungsvolle Aussicht, die in Unternehmen ja nicht so leicht zu erwarten ist. Dort kann es Jahre dauern, bis die Mitarbeiter einen solchen Chef wieder loswerden. Da hilft nur: Augen zu und durch, und die Motivation so gut es geht über die Aufgabe definieren.

Manche Manager wollen alles über andere herausfinden, aber nichts über sich selbst. Die meisten Menschen haben Bekanntschaft mit Führungskräften gemacht, die hohe Wertmaßstäbe propagieren und diese mit Elan von ihrem Umfeld einfordern, während sie keinen Sinn dafür entwickeln, dass sie selbst ihren Standards nicht einmal im Ansatz gerecht werden. Solchen Menschen geht es um Macht, nicht um effiziente Problemlösungen. Sie sind als Führungskräfte unerträglich und zutiefst ermüdend, sie sorgen für Frust.

Wenn eine Führungskraft nur bereit ist, die Probleme und Fehler der Mitarbeiter herauszustellen, ohne ihre eigenen Verhaltensweisen wahrzunehmen, verliert sie an Autorität. Damit baut sie eine Einbahnstraße, die von ihr wegführt, ohne jemals eine Rückfahrmöglichkeit in Betracht zu ziehen. Mitarbeiter trauen solchen Führungskräften kaum zu, dass sie mit Tatkraft und innerer Stabilität auf Herausforderungen angemessen reagieren.

Das Verhältnis Führungskraft/Mitarbeiter darf atmosphärisch nicht zu einem Arzt/Patient-Verhältnis verkommen, indem sich die Führungskraft nach dem Motto eines bekannten Kinderspiels verhält: »Ich seh', ich seh', was du nicht siehst!«

Eine Führungskraft ist kein Radiologe, der die inneren Organe des Patienten mittels Röntgenblick durchleuchtet und dadurch Einsichten gewinnt, die ihm die Macht geben, dieses Wissen gezielt einzusetzen. Vorgesetzte, die Mitarbeitern gegenüber gerne diese Karte des geheimen Wissens um sie ausspielen, schaffen ein Klima der Unsicherheit und Angst. Denn dieser Führungsstil ist gleichzeitig der krampfhafte Versuch, sich abzuheben und sich selbst in die Aura päpstlicher Unfehlbarkeit zu hüllen. Wenn sich ein Vorgesetzter für unantastbar hält und den Allwissenden gibt, bewirkt das garantiert nur eines: den totalen Respektverlust in den Augen der Kolleginnen und Kollegen, bis hin zur Gefahr, sich bei der ersten kleinsten Unsicherheit der Lächerlichkeit preiszugeben.

Bekanntlich stechen uns bei anderen Menschen gerade die Dinge mit Missfallen ins Auge, die uns an uns selbst auf die Nerven gehen. Es handelt sich jedoch um einen der schlimmsten Führungsfehler überhaupt, wenn sich ein Chef dazu hinreißen lässt, bei seinen Mitarbeitern zu kritisieren, was er selbst nicht einlösen kann.

Der Vertrauensverlust ist unwiderruflich, wenn sich beispielsweise ein zögerlicher Vorgesetzter über die Entscheidungsschwäche eines Mitarbeiters aufregt. Oder wenn ein chronisch unerreichbarer Chef die mangelnde Präsenz seiner Leute moniert. Manchmal verdonnert ein Manager die untergeordnete Führungsebene dazu, bei Dritten so richtig auf den Tisch zu hauen. Meistens gibt er präzise Anweisungen, wie dies zu geschehen habe. Er formuliert sogar den optimalen Text, den er mit beeindruckender und authentischer Gestik untermalt, so wie es ein Regisseur den Schauspielern vormacht. Am Ende der erstklassigen Vorstellung fragt sich der Beauftragte, warum sein Chef die Angelegenheit nicht gleich selbst in die Hand nimmt, ahnt aber gleichzeitig, dass diesem wohl grundsätzlich der Mut fehlt.

Eine andere vertraute Situation sind Meetings, in denen ein Vorgesetzter den Teilnehmern konkrete Fragen stellt, ohne ihnen jedoch Raum und Zeit für eine Antwort zu geben. Das Wahrnehmungsverhalten solcher Führungskräfte ist eine schnurgerade Einbahnstraße inmitten einer kahlen, trostlosen Betonwüste.

Stünde die äußere Wahrnehmungskontrolle solcher Vorgesetzter ein klein wenig mit ihrer Selbstwahrnehmung im Austausch, würden sie sofort registrieren, dass zwischen ihrem Anspruch an andere und dem eigenen Handeln ein eklatantes Missverhältnis herrscht.

Ein Manager sollte sich zuerst selbst kritisch betrachten, bevor er Normen definiert. Wenn er sein eigenes Verhalten außen vor lässt, gleichzeitig aber das der anderen in Bezug zu seinen heimlichen Idealvorstellungen setzt, wird diese Einseitigkeit zwangsläufig einen Graben des Misstrauens zwischen ihn und seine Mitarbeiter ziehen.

In einem Unternehmen muss spürbar werden: Alle sitzen in einem Boot. Die einen tragen konzeptionelle und visionäre Verantwortung im Großen, die anderen sind für die Umsetzung zuständig, und bei allen geht es um ein respektvolles Miteinander.

Es geistert bisweilen die Meinung durch unsere Köpfe, dass Manager unnahbar sein und ihre Mitarbeiter über ihre Ziele im Ungewissen lassen müssen, um deren Respekt langfristig aufrechtzuerhalten. Man muss hier klar unterscheiden zwischen einer durchaus angemessenen Distanz im Verhältnis von Führungskraft und Mitarbeiter und einer bewusst eingesetzten Ungewissheit, die zu Verunsicherungen führt.

Manche Führungskräfte schaffen absichtlich ein diffuses Klima, weil sie irrtümlich glauben, auf diese Weise ihre Leute besser kontrollieren zu können. Aber diese schädliche Strategie der Machtabsicherung hält die Mitarbeiter nicht positiv bei der Stange, sondern destruktiv in Schach. Damit sind wir wieder beim Arzt/Patient-Beispiel angekommen. Wenn der Chef stets der Einzige sein will, der nicht im Trüben fischt, dann darf er sich nicht über die mangelnde Motivation seiner Mitarbeiter wundern.

Das Gegenteil von kumpelhafter Nähe ist eine professionelle Distanz und nicht eine künstliche Aura der Rätselhaftigkeit. Wenn Manager distanziert, aber dennoch berechenbar und einschätzbar sind, ernten sie Respekt. Wenn sie sich mit bewusst verhüllten

Haltungen und diffusen Verhaltensweisen abzugrenzen versuchen, schaffen sie eine Arbeitsatmosphäre der Unsicherheit, die nicht Lust an der Arbeit vermittelt, sondern Beklemmung und Bedrohung.

Manche Manager demonstrieren einen oberflächlichen Blick auf die Verhältnisse, indem sie eine Vorbildfunktion auf rein organisatorischen Feldern ausüben. Beispielsweise fliegen sie nicht mehr Business Class, sondern Economy, um mit gutem Beispiel voranzugehen. Manche legen Krawatte und Sakko ab, andere verzichten auf ihren Chauffeur und radeln demonstrativ ins Büro, um ihren Korpsgeist zum Ausdruck zu bringen. Oder sie laden einmal jährlich zu einem opulenten Fest, bei dem es an nichts mangelt und sie allen jovial auf die Schulter klopfen. All das ist gut und redlich. Dennoch betrachten Mitarbeiter solche Verhaltensweisen mit Argwohn, wenn ihr Chef versucht, sich ausschließlich mit sichtbaren Symbolen zu profilieren.

Führungskräfte sollten ihr Ethos nicht nur in stimmungsvollen Augenblicken oder anhand organisatorischer Belange beweisen. Viel sinnvoller wären hohe Maßstäbe in Bezug auf ihr alltägliches Führungsverhalten: Aufbau einer vertrauensvollen Beziehung zwischen ihnen und ihren Mitarbeitern, konzeptionelle Klarheit, Entscheidungsstärke, Offenheit, Handlungskompetenz. Denn auf einem solchen Nährboden entwickelt sich die Motivation der Mitarbeiter fast wie von selbst. Sie interpretieren dann die punktuell positiven Gesten der Führungskraft nicht als peinliche Ersatzhandlungen, die keinen Bezug zum Unternehmensalltag haben, sondern als willkommenes Symbol ihrer gesunden Unternehmenskultur.

Guter Rat ist teuflisch

Wie so oft trifft der Volksmund auf scharfzüngige Weise den Kern: »Ratschläge sind oft Schläge.«

In meiner Studienzeit bewunderte ich einen fantastischen Geiger, der bereits im Alter von zwölf Jahren ein Meister seines Fachs war. Seine Mutter und sein Vater besaßen keine Kompetenzen auf musikalischem Gebiet und daher auch keine Zielvorstellungen für ihren Sohn, entsprachen also ganz und gar nicht dem Klischee der ehrgeizigen Eltern, die ihren Sprössling überfordern. Behutsam, liebevoll, ohne Druck und mit ein bisschen Stolz begleiteten sie ihn, als sich sein Talent offenbarte und ihn in die klassische Musikwelt führte. Seine Offenheit wurde ihm zum Verhängnis. Denn er nahm bis zu seinem zwanzigsten Lebensjahr zahllose Ratschläge von Menschen an, die ihm qualitativ nicht im Geringsten das Wasser reichen konnten und panische Angst hatten, dass er sie einmal übertreffen und ihnen ihren angestammten Platz streitig machen würde. Sie gaben ihm lehr- und wortreiche Tipps in Bezug auf seine musikalischen Einsichten; und er hörte stets interessiert zu. Er pflegte einen sehr spezifischen technischen Stil, verwendete Fingersätze und Bogenstriche, die unüblich waren und sogar seine Professoren irritierten. Anstatt das Besondere und Neue seines Stils wahrzunehmen, versuchten sie sein Konzept den gewohnten Normen anzupassen, was ihn zunehmend verunsicherte. Die Kommilitonen und Freunde des Geigers waren insgeheim erleichtert, zu spüren, dass auch ein bewunderungswürdiges Talent wie er mit Problemen zu kämpfen hatte, ganz wie sie selbst. Dadurch fühlten sie sich ihm näher, er erschien ihnen menschlicher, liebenswerter, vertrauter. In den darauf folgenden Monaten und Jahren wurde er mit Ratschlägen und Hinweisen nur so überhäuft, die an sich erstklassig und durchaus intelligent waren, aber die spezifischen Fähigkeiten und Prägungen des Geigers kaum berücksichtigten. Mehrmals bat ich ihn eindringlich, sich mehr abzuschotten, alle Einflüsse um ihn herum zu ignorieren und auf seine innere Stimme zu hören. Doch gerade seine enorme Neugier und sein Perfektionsdrang behinderten ihn dabei. Denn er suchte selbst noch in kleinsten Hinweisen nach einem für ihn sinnvollen Kern, der ihn vielleicht weiterbringen konnte. Da aber die Ratschläge naturgemäß widersprüchlich waren, fand er am Ende keinen roten Faden mehr. Jeder Ratgeber versuchte, sich in ihm zu verwirklichen, niemand wollte ihn und seine Fähigkeiten wahrnehmen. Mit 22 Jahren gab er das Violinspiel auf, von unzähligen Ratschlägen zermürbt und vollends seiner psychischen und technischen Stabilität und Souveränität beraubt.

Meistens entscheiden die zahlreichen Tipps und Ratschläge des privaten Umfeldes, ob talentierte Menschen jemals ihr Arbeitsleben gemäß ihren Fähigkeiten gestalten können. Es gehört zum Wesen von talentierten Menschen, dass sie prinzipiell höhere Ansprüche an sich selbst und andere haben als der Durchschnitt. Sie setzen sich daher den Einflüssen anderer häufig direkter aus und brauchen daher gleichzeitig unbedingt die Entschlossenheit, Ratschläge auch abzulehnen oder zumindest mit großer Skepsis zu betrachten. Denn auch der beste Rat entspricht nur dem Horizont der Person, die ihn erteilt. Man darf also viele Ratschläge getrost überhören.

Für professionelle Unternehmensberater sind klare Regeln unumgänglich. Das Verhältnis Klient/Berater ist von Anfang an geklärt. Auch wenn es auf gegenseitigem Vertrauen basiert, wird es nicht von persönlichen Interessen, heimlichen Vergleichen oder Konkurrenzkämpfen geprägt. Der Klient sucht sich seinen Berater meistens selbst aus. Es wird eine Zielvereinbarung definiert und dann gilt es, den Weg dorthin mit all seinen Höhen und Tiefen gemeinsam zu beschreiten.

Ganz anders stellt sich die Situation im privaten Umfeld oder am Beginn der beruflichen Laufbahn dar, wenn es darum geht, sich für den richtigen Weg zu entscheiden. Besonders wenn die Ratschläge aus dem Freundes- oder Familienkreis kommen, kann es für den Rat Suchenden sehr schwierig werden.

Oft entfalten Tipps aller Art eine geradezu zerstörerische Kraft. Je enger man sich einem Ratgeber verbunden fühlt, desto mehr werden wir durch dessen wohlmeinende Ratschläge, auch wenn sie einem überhaupt nicht entsprechen, geblendet und kuschelig eingelullt. Aber wir müssen uns der Wirkung stets bewusst sein: Falsche oder unangemessene Ratschläge nahe stehender Menschen, die ja immer von deren Horizont und Interessen bestimmt sind, können uns nachhaltig entmutigen. Sie können unsere Selbstwahrnehmung blockieren und in der Folge auch unser Selbstvertrauen in unsere Tatkraft.

Idealerweise sollten unsere Talente gleichermaßen in eine sensible, aber auch robuste und skeptische Natur eingebettet sein. Denn es fällt keineswegs leicht, Gutgemeintes mutig vom Tisch zu fegen. Man braucht offensichtlich bei der Entfaltung des eigenen Talents eine ausgeprägte Wahrnehmungskultur. Naturgemäß zuerst für einen selbst, um überhaupt die eigenen Möglichkeiten erkennen zu können. Aber ebenso, um zu durchschauen, ob die Ratgeber aus dem persönlichen Umfeld absichtlich, beispielsweise aus Neid, unpassende Tipps geben, oder aus einer naiven Haltung heraus, die ihnen nicht erlaubt, Qualitäten zu erkennen, die ihre eigenen bei Weitem übertreffen. In einem solchen Fall kann man zwar nicht böse, aber zumindest irritiert sein. Denn oft fehlt selbsternannten Ratgebern das nötige Einfühlungsvermögen in die Lebenswirklichkeit ihres Gegenübers, das sie mit ihren Schlauheiten zwangsbeglücken.

Es wird deutlich, dass mancher Rat oft viel mehr über den Ratgeber selbst aussagt, als dieser beabsichtigt. So zeigt sich bei deren Belehrungen oft deren eigene Urangst, wenn sie beispielsweise talentierte Menschen unentwegt auf die lauernden Gefahren und zahlreichen Hürden hinweisen, die ihnen auf ihrem Weg drohen. Denn es wäre für sie kaum zu ertragen, einsehen zu müssen, dass ihre selbst auferlegten Lebensregeln in erster Linie auf einer unbegründeten Ängstlichkeit basieren. Es gibt auch Förderer, die andere mit guten Hinweisen ganz uneigennützig bestärken, ihnen Kraft und Mut geben. Aber nicht wenigen ist es hauptsächlich daran gelegen, sich als Gleiche unter Gleichen zu fühlen, ohne dass sich jemand davon abhebt. Ansonsten wären sie ja gezwungen, sich ihren eigenen Mangel an Entschlusskraft und Fähigkeiten einzugestehen. Aber diese Einsicht wäre ja mit Selbstkritik verbunden, und daher dürfen sie es gar nicht so weit kommen lassen. Es ist bedeutend einfacher, sich der Selbstkritik zu entziehen, indem man den Talentierteren die Kategorien der Durchschnittlichkeit mittels wohlmeinender Ratschläge überstülpt. Manchen Ratgebern ist die Stabilisierung ihres Egos so wichtig, dass sie den langfristigen Kollateralschaden in Kauf nehmen, den sie verursachen, wenn sie junge Talente auf die falsche Fährte führen.

Ein Umdenken ist angesagt. Eine gesunde Gesellschaft lebt vom Wechselspiel unterschiedlicher Kräfte. Ein hundertköpfiges Orchester aus lauter Flöten wäre unerträglich. Man braucht die Exzentrik der Trompete, die dunklen Farben der Kontrabässe, die gesanglichen Melodien der ersten Geige und die Schläge der Pauke. Was zählt, ist Vielfalt, nicht Gleichmacherei. Aber es bewegt sich etwas: Es ist noch gar nicht so lange her, da war in Deutschland der Begriff »Elite« verpönt. Man konnte dieses Wort nicht in einem positiven Kontext in den Mund nehmen, ohne nicht sogleich als Vertreter einer ungerechten Klassengesellschaft abgestempelt zu werden. Aber inzwischen hat man sogar eine Exzellenzinitiative ins Leben gerufen, die in einem strengen Auswahlverfahren Elite-Universitäten kürt. Man hat erkannt, dass eine Gesellschaft ohne Elite weder Arbeitsplätze schafft noch im globalen Wettbewerb erfolgreich bestehen kann.

Wir müssen unsere Chance nützen und uns den Mechanismen und Strategien der Gleichmacherei in unserem unmittelbaren Umfeld erfolgreich entgegenstellen. Eine präzise Wahrnehmung und Selbstkritik erzeugen dieses hilfreiche Maß an Skepsis, die das Fundament bildet, dass unsere Fähigkeiten und Talente nicht ziellos aufgrund unsinniger Ratschläge verkümmern. Wenn wir im Laufe unseres Lebens die zahllosen, gut gemeinten Ratschläge widerspruchslos angenommen haben, bleibt uns leider nur ein zweifelhafter Trost: Wir haben dadurch wenigstens einen gewissen Grad an allgemeiner Beliebtheit erlangt. Manche bezeichnen diese visionslose Verwaltung des Durchschnittlichen auch als soziale Kompetenz, um dem Scheitern sogar noch etwas Positives abzutrotzen. So mancher Rat gebende Helfer darf dann mit Erleichterung feststellen, dass ihm der Adressat seiner Ratschläge, trotz aller hervorragenden Fähigkeiten und Möglichkeiten, gottlob nicht über den Kopf gewachsen ist.

Führungskräfte müssen Mitarbeitern Ratschläge stets in dem Bewusstsein geben, dass es kein allgemeingültiges Handlungsschema gibt. Selbst wenn das Ziel verbindlich feststeht, wird es stets eine individuelle Vorgehensweise geben. Es macht einen wesentlichen Unterschied, ob sich ein Manager wissbegierig für alle Details interessiert, aber die Mitarbeiter machen lässt, oder sich am liebsten selbst um alles kümmern will und daher die Mitarbeiter als seine Erfüllungsgehilfen betrachtet. Alles hängt davon ab, ob Ratschläge den nötigen Spielraum lassen, der beflügelt, oder sie ein enges Korsett vorgeben, das jegliche Eigeninitiative blockiert.

Dem Irrglauben vieler Manager, dass nur ihre Vorgehensweise richtig ist, liegt oft ein menschlich verständliches Missverständnis zugrunde: Sie haben sich ihre Führungsposition in mehreren Jahren erarbeitet, weil sie vieles richtig gemacht haben. Aus dieser Erfahrung heraus nehmen sie automatisch an, dass ihre offensichtlich erfolgreiche Strategie die einzig mögliche und allgemein gültige ist.

Bisweilen gibt es eben mehrere Wahrheiten, so dass ein Beharren auf der einzig gültigen ins Abseits führt. Was beispielsweise ein Dirigent auf seinem Platz in einem großen Konzertsaal unter spezifischen akustischen Bedingungen als Realität wahrnimmt, hat oft wenig mit dem zu tun, was die Mikrofone der Aufnahme hinten im Studio als Ergebnis abliefern. Große Dirigenten wissen das und daher brauchen sie einen Produzenten, dem sie vertrauen können und der weiß, welches Resultat dem Künstler im Saal vorschwebt. Als ich als Produzent einmal unterbrach, weil das Tempo allzu zügig war und die Holzbläser bei ihren schnellen Noten diffus klangen, erboste sich der Maestro. Er sagte mir über das Telefon, dass er sehr wohl jede einzelne Stimme genau hören könne und sogar stolz sei auf die hervorragende Transparenz der Holzbläser. Ich beharrte auf meinem Standpunkt, hörte mir aber dieselbe Stelle nochmals im Saal an und musste erkennen, seine Einschätzung auf dem Podium war richtig. Danach hörte sich der Dirigent die Aufnahme im Studio an und erkannte, dass mein Ohr mich ebenfalls nicht getäuscht hatte. Wir einigten uns darauf, dass er das abendliche Konzert ohne Aufnahme in seinem Tempo dirigieren würde, die Aufnahme jedoch langsamer, um deren Bedingungen zu entsprechen. Wir sahen uns an, dann lachte er und sagte: »Sehen Sie, wir hatten beide recht und lagen gleichzeitig falsch!«

All das sollten wir berücksichtigen, wenn wir selbst gute Berater sein wollen. Unser Einfühlungsvermögen in andere Charaktere muss der Dreh- und Angelpunkt unserer Ratschläge sein, damit sie nicht in Schläge ausarten. Wir sollten der Versuchung widerstehen, unsere Tipps allein aus eigenen Erfahrungen zu entwickeln, obwohl wir uns naturgemäß nie ganz von uns selbst lösen und streng objektiv sein können. Es trägt jedoch enorm zur Differenzierung bei, uns dessen bewusst zu sein und auch offen zuzugeben, dass wir trotz aller Bemühungen immer subjektiv sein werden. Nach unseren Ratschlägen müssen beim Gegenüber Fragen und ein Vakuum übrig bleiben, das der Suchende nur selbst ausfüllen kann. Gleichzeitig darf es nicht unsere Absicht sein, permanent und subtil unsere moralischen Kategorien einzuflechten.

Die Angst einer Führungskraft, autoritär zu erscheinen, führt manchmal dazu, dass sie die erforderlichen klaren Anweisungen scheut und diese lieber als wohlmeinende Ratschläge tarnt. Dabei bedient sie sich oft einer einfühlsamen Rhetorik, um Handlungsspielraum zu suggerieren, wo keiner ist. Eine Führungskraft muss klar zwischen Ratschlägen und präzisen Anweisungen unterscheiden. Denn es trifft Mitarbeiter hart und untergräbt auch ihr Vertrauen in die Führungskraft, wenn sich locker formulierte Ratschläge später als Vorschriften entpuppen, deren Umsetzung irgendwann knallhart eingefordert wird.

Gute Ratgeber loten gemeinsam mit ihrem Gegenüber nüchtern und sachlich die unterschiedlichsten Möglichkeiten aus. Damit unterstützen sie die Sensibilisierung des anderen in Bezug auf eine komplexe Sachlage und die Chance erhöht sich enorm, dass die Analysen den anderen zum Nachdenken anregen. Wenn Tipps nicht vom hohen Ross herunter als unumstößliche Lebensweisheit und einzig selig machende Wahrheit gepredigt werden, erleichtert dies dem Gegenüber, sich ein Urteil zu bilden.

Wenn wir uns an diese wenigen Grundsätze halten, werden wir tatsächlich zu Unterstützern und Förderern. Aber wie selten sind gut gemeinte Ratschläge eine sinnvolle Hilfe zur Selbsthilfe, wie oft wird schlicht deren Umsetzung eingefordert!

Man darf den Ratschlägen nicht automatisch die moralische Bewertung beifügen, quasi frei Haus. Das ist einer der brutalsten Griffe in die Trickkiste, obgleich ein sehr gebräuchlicher: Anfangs betrachtet ein Helfer die Dinge wohlwollend aus gegensätzlichen Perspektiven, um seinem Gegenüber die freie Wahlmöglichkeit zu suggerieren. Wenn sich der Rat Suchende nicht für die erwünschte Betrachtungsweise erwärmt, zieht der Berater plötzlich trotzig die argumentativen Daumenschrauben an. Nachdrücklich, aber dennoch subtil, fordert er dann die moralische Sicht ein, die er selbst für die einzig wahre und richtige hält. Nichts ist verwerflicher als ein streng erhobener Zeigefinger, der im Gewand gut gemeinter und weiser Ratschläge auftritt.

Offenheit braucht Gelassenheit

Angehende Instrumental-Solisten und Sänger wundern sich manchmal, dass sie technische Hürden kaum bewältigen, obwohl sie diese wochenlang intensiv trainiert haben. Der Grund für das Scheitern: In anspruchsvollen Momenten vergisst mancher Künstler das richtige Atmen, was all seine Bewegungsabläufe völlig durcheinanderbringt. Anstatt bei einer großen technischen Herausforderung gleichmäßig in den Bauch zu atmen, um die körperliche Leistungsfähigkeit nicht aus dem Gleichgewicht zu bringen, hält der Künstler plötzlich die Luft an und atmet stoßweise, ohne sich dessen bewusst zu sein. Kein Tunnelblick, aber eine Art »Tunnel-Atmung« sozusagen. Aber wenn die Atmung nicht gelassen funktioniert, gerät der gesamte Organismus aus dem Gleichgewicht. Das führt zu teilweisen Verkrampfungen und folglich gilt diesen die ganze Konzentration des Künstlers. Es bleibt wenig Raum für eine gelassene und umfassende Wahrnehmung.

Viele Menschen atmen in die Brust und ziehen dabei die Schultern hoch. Diese meist unbewusste Brustatmung beeinträchtigt die Fingerfertigkeit von Instrumentalisten überaus negativ. Daher muss ein erstklassiger Ausbilder stets auf eine harmonische Bauchatmung der jungen Talente achten, die nicht nur Spannungen in Kopf, Brust und Händen löst, sondern im gesamten Organismus. Sobald der Künstler seine Atmung richtig eingeübt und ausbalanciert hat, wird sich sein Zustand entspannen und er wird die eingeübten technischen Hürden meistern.

Manager schlittern bisweilen unabsichtlich in Verhaltensweisen, die ihre körperliche Balance und Gelassenheit enorm beeinträchtigen, ohne dass sie es sogleich bemerken. Es hat wirklich nichts mit Alkoholismus zu tun, wenn man sich in der Flughafen-Lounge am Ende eines harten Tages einen Drink gönnt. Und vielleicht danach im Flieger ein Fläschchen Wein, um die vielen offenen Fragen des Tages hinter sich zu lassen. Zu Hause merkt man plötzlich, dass noch einige dringende Mails zu beantworten sind, und die schafft man vielleicht nur mit einem kleinen Cognac nebenbei. Oder man muss noch zu einer gesellschaftlichen Verpflichtung, bei der einem bereits am Eingang der Champagner aufgedrängt wird. Sich all diesen Möglichkeiten zu entziehen, ist fast ein Ding der Unmöglichkeit, aber irgendwann gerät der Körper aus der Balance. Bei einigen leidet der Magen, bei anderen erhöht sich der Blutdruck.

Manager müssen sich selbst an einem Arbeitstag unbedingt zu sechs kleinen Entspannungspausen von wenigen Minuten verpflichten und diese mit aller Vehemenz durchziehen. Ansonsten bleibt ihnen nichts anderes übrig, als sich mit Tunnelblick über die stressvollen Mühen des Tages zu retten, wobei sie die Gelassenheit verlieren, aus der ihre Souveränität erwächst. Perfektionisten und hoch motivierte Manager sind besonders gefährdet, denn sie merken oft erst wenn ihre Konzentration und Energie plötzlich abreißen, dass sie ihren Körper überstrapaziert haben.

So wie für einen Künstler eine richtige Atmung unersetzbar ist, braucht auch ein Manager das Bewusstsein, dass er nicht nur in seinem Unternehmen, sondern auch mit seinen Energien wohldurchdacht wirtschaften muss.

Eine innere Gelassenheit, welche die Voraussetzung für ein ausgeprägtes Wahrnehmungsvermögen ist, wird nur zu einem geringen Teil durch einen Akt unmittelbaren Wollens erreicht. Sie ist eine innere Haltung und keine auferlegte Pflicht, die man abarbeitet.

Man könnte diese innere Durchlässigkeit und Aufnahmebereitschaft mit dem Zustand einer Geigensolistin vergleichen, die mit höchster Konzentration auf der Bühne technisch anspruchsvollste Schwierigkeiten bewältigen muss, dabei aber künstlerisch sensibel, frei und entspannt in die Musik versunken ist. Diese Gleichzeitigkeit ist nur möglich, wenn Konzentration nicht mit Anspannung verwechselt wird, sondern sich auf Basis einer wachen Gelassenheit entwickelt.

Leider werden wir diesbezüglich oft bereits in der Kindheit falsch beraten und geprägt. Allen Erkenntnissen zum Trotz wird Konzentrationsfähigkeit und die dafür nötige Energie immer noch als Kraftanstrengung betrachtet. Ich kann mir dieses Missverständnis nur damit erklären, dass die meisten Menschen irrtümlich vermuten, sich nur dann auf einen Gegenstand konzentrieren zu können, wenn sie dabei Körper und Geist anspannen, sich also im Zustand einer bewussten Anstrengung befinden. Das Gegenteil ist der Fall: Nur eine körperliche und geistige Entspanntheit, ja Gelöstheit schafft die erforderliche Wachheit, die man für ein Höchstmaß an Konzentration benötigt.

Es gibt mehr als genug Zeugnisse von hervorragenden Schauspielern, Künstlern, Sportlern oder Wissenschaftlern, deren übereinstimmende und oft wiederholte Kernaussage langsam auch in unser Alltagsbewusstsein einsickern müsste: Das Schwere muss immer leicht sein, um großartig zu sein! Oder: Wahre Meisterschaft sieht leicht aus.

Offenheit und Gelassenheit sind Geschwister, wie auf der anderen Seite Tunnelblick und Verspannung.

Ein erfahrener Dirigent nimmt ohne Anstrengung jeden Blick, jede Geste des hundertköpfigen Ensembles wahr, ohne sich davon irritieren zu lassen. Im Gegenteil: Er reagiert unmittelbar, aber nicht willkürlich und bezieht die Individualität der Musiker ins konzeptionelle Geschehen ein. All das braucht Offenheit, Durchlässigkeit, Gelassenheit, bei gleichzeitiger innerer Fokussierung auf das Wesentliche.

Diesen Zustand erreicht eine Führungskraft durch zwei Hauptfaktoren: erstens eine absolut perfekte geistige Durchdringung und handwerkliche Beherrschung der Materie, damit sie nicht Angst vor Überraschungen haben muss. Zweitens muss sie prinzipiell und von vornherein stets auf eine gesunde Balance ihres Körpers achten. Man könnte sagen, es braucht einen trainierten Geist in einem trainierten Körper. Dann wird sich ihr Wille zur offenen Wahrnehmung nach außen und innen nicht als Kraftanstrengung manifestieren, bei der sie bisweilen, vielleicht ohne es zu merken, verkrampft die Luft anhalten muss, wie ein Dirigent mit falscher Atemtechnik. Wenn dieser körperlich überfordert oder fachlich unsicher ist, werden seine Konzentrationsbemühungen als Kraftakt spürbar und dann weiß das Orchester sofort, dass ihn wohl die kleinste Veränderung und jegliche Form künstlerischer Spontaneität unvermittelt aus dem Konzept bringen würden. Diese Art von Konzentration bewirkt im Orchester eine ängstliche Anspannung, die eine reibungslose Entfaltung aller Kräfte blockiert. Die Musiker spüren, der einmal eingeschlagene Weg muss ohne Gnade beibehalten werden, auch wenn ein flexibles Reagieren auf neue Umstände viel erfolgversprechender wäre.

Kürzlich sagte mir ein ehemals bekannter Zehnkämpfer, was ihn so am 100-Meter-Lauf fasziniere: »Extremste körperliche Anstrengung bei maximaler Lockerheit.«

Kein Wert ohne Bewertung

Als junger Musiker hatte der Dirigent Sergiu Celibidache eine enorme Wirkung auf mich. Seine Interpretationen von Bruckner, Strauss, Ravel und Debussy waren beeindruckend und einzigartig. Es gab keinen einzigen Ton im komplexen Geflecht orchestraler Stimmen, den er nicht berücksichtigte und mit klarer Vorstellung in sein Gesamtkonzept integrierte. Nie verlor er seine künstlerische Vision aus den Augen. Allerdings konnte ich mit seinen langsamen Tempi bei Beethoven überhaupt nichts anfangen und lehnte sie daher ab. Ich bemerkte, dass ich Celibidaches konzentrierte Beethoven-Proben keinesfalls ertragen würde. Diese Einsicht bewog mich zu zweierlei: Erstens versuchte ich seine Maßstäbe und Erkenntnisse genau zu verstehen. Zweitens musste ich meine ablehnende Haltung einer kritischen Reflexion unterwerfen, um mir selbst mit klaren Argumenten den Widerspruch zwischen unseren Auffassungen erklären zu können.

Celibidaches bisweilen polarisierende Positionen zwangen mich, mir genau bewusst zu machen, was ich eigentlich selber bei Beethoven im Detail anstrebe. Aufgrund dieser Auseinandersetzung kristallisierte sich aus meiner anfänglich dumpfen und unausgereiften Perspektive nach und nach ein klares Beethovenkonzept heraus. Das erleichterte mir auch die Arbeit mit ihm, weil an die Stelle eines diffusen Unwohlseins plötzlich die Klarheit trat, warum und weshalb ich bei Beethovens Tempi zu anderen Schlüssen komme.

Wir entwickeln als soziale Wesen von Geburt an unser Wertesystem einerseits durch Beobachtung, andererseits durch Selbstreflexion. Diesen natürlichen Prozess sollten wir im Laufe des Lebens nicht beenden, im Irrglauben, es an irgendeinem Punkt nicht mehr nötig zu haben. Es ist peinlich, standhaft unsere Kategorien zu verteidigen, ohne zu bemerken, dass sie aufgrund von inneren und äußeren Veränderungen längst überholt sind.

Unser Wertesystem soll also keinesfalls in Beton gegossen sein, es muss konstant aufnahmefähig und korrigierbar bleiben, sonst findet keine Entwicklung mehr statt. Seine Basis ist somit unser Wahrnehmungsvermögen, wobei wir auch Rückschläge und Irrtümer auszuhalten haben.

Der im Alltag wichtige Abgleich zwischen äußerer Wahrnehmung und Selbstreflexion entwickelt bei jedem Einzelnen stets eine sehr individuelle Dramaturgie. Es gibt keine Schemen und Regeln, alles ist in allen Kombinationen möglich. Beispielsweise kann ein introvertierter Charakter einen temperamentvollen Menschen sympathisch finden, vielleicht weil er selbst gerne mehr aus sich herausgehen würde. Oder er findet ihn nervend und abstoßend, weil er aufgrund seiner Lebenserfahrung mehr das Ruhige schätzen gelernt hat. Wenn der Introvertierte aber versucht, seine individuellen Prägungen außen vor zu lassen und den Temperamentvollen offen wahrzunehmen, wird er vielleicht ganz anders empfinden. Dann wird er ihn weder als positives Vorbild für sein eigenes mangelndes Temperament empfinden noch, weil er nicht seiner Lebenshaltung entspricht, als unsympathischen Kerl. Er wird ihm entspannter begegnen und ihn respektieren, so wie er ist.

Daher sind durch offene Wahrnehmung gewonnene Einsichten nicht selten das Gegenteil von dem, was man erwartet oder erhofft hatte. Und nicht immer ist man in der Lage, sich diesen Erkenntnissen in aller Klarheit zu stellen, auch wenn es durchaus erstrebenswert wäre. Aber in diesem Spannungsfeld von Erwartung, Beobachtung und Bewertung entwickeln sich Kategorien, auf die wir uns auch in schwierigen Zeiten verlassen können.

Man sollte jedoch nicht grenzenlos und detailversessen Informationen sammeln. Ewige Grübler setzen ihr Wahrnehmungsvermögen zu wenig in Bezug zu sich selbst. Ihnen fehlt meistens nur der Mut, sich zu ihrer ganz persönlichen Haltung und ihren individuellen Werten zu bekennen.

Manager sollten sich in komplexen Situationen unbedingt Pro-und-Kontra-Listen anlegen. Eine Visualisierung bietet zahlreiche Vorteile. Man fischt gedanklich nicht im Diffusen, weil man immer wieder versuchen muss, sich die länger zurückliegenden Fakten und Analysen mühselig in Erinnerung zu rufen. Stets hat man alle Aspekte, die sich über einen gewissen Zeitraum angesammelt haben, übersichtlich im Blick. Problemlos kann man streichen oder hinzufügen, gleichzeitig stechen Parallelitäten oder Ähnlichkeiten sofort ins Auge. Diese Trennung von Spreu und Weizen schafft klare Bewertungskriterien, aus denen sich leichter ein wertorientiertes Entscheiden ableiten lässt.

Zwischen Gefühl und Verstand

Es ist aufschlussreich, wie jegliche Form oder Vorstellung von emotionaler Kompetenz heutzutage idealisiert wird. Alles, was damit in Verbindung steht, wird eher dem Weiblichen zugeordnet, während man dem männlichen Charakter mehr die rationalen Fähigkeiten zuspricht. Selbstverständlich existieren seit jeher Unterschiede zwischen Mann und Frau, dennoch greift es entschieden zu kurz, Frauen von vornherein ihre rational-analytischen Fähigkeiten, Männern ihre Gefühlsebene abzusprechen.

Die Frau steht für die tiefen und wahren Werte des Lebens, für Wärme, Menschlichkeit und Zukunftsfähigkeit, der Mann ist mehr fürs Grobe zuständig. Wenn man nur kurz darüber nachdenkt, wird man sofort unzählige Gegenbeispiele und damit die Unsinnigkeit dieser Sicht vor Augen haben.

Jeder von uns hat die Erfahrung gemacht, dass es unter einer bisweilen sachlichen Oberfläche von Männern emotional sehr heiß brodeln kann. Nicht nur unzählige Künstler sind dafür der unumstößliche Beweis, sondern auch Männer, die im Berufs- wie Privatleben mit großer Sensibilität und Herz ihren Mann stehen. Andererseits bestätigen manche Frauen mit Augenzwinkern, dass dem Ausdruck weiblicher Empfindsamkeit durchaus eine langfristig angelegte und kühl berechnende Strategie zugrunde liegen kann.

Man darf nicht trennen, was zusammengehört

Die Emotionalität eines Künstlers ist fundamental. Aber das bedeutet keineswegs, wie manche glauben, dass er dadurch den Freibrief erhält, nach Lust und Laune zu agieren, wie es ihm gerade beliebt. Stellen Sie sich vor, ein von seinen Gefühlen überwältigter Pianist spielt Johann Sebastian Bach mit dem technischen und künstlerischen Handwerkszeug russischer Klaviermusik. Oder ein Dirigent interpretiert Brahms leidenschaftlich im Klangstil italienischer Opern. Solche Verirrungen sind meistens einem Zeitgeist geschuldet, der den Inhalt der Werke ignoriert, um krampfhaft auffallend Neues zu präsentieren. Wenn Experimente dieser Art jedoch ohne Absicht passieren, wird sofort klar, dass ein Dilettant erster Güte am Werk ist.

Professionelles Künstlertum ist ohne Intellekt und einen ordnenden Verstand undenkbar. Zuerst muss man die Partitur genau analysieren und die architektonische Struktur herausarbeiten und verstehen, bevor man über das Instrumentarium der Umsetzung entscheidet.

Die Gleichzeitigkeit und Ausgewogenheit von Emotionalität und Rationalität gesteht man in der Kunst Frauen und Männern viel eher zu als in der Wirtschaftswelt. Aber diese Kompetenzen sind prinzipiell in jedem Menschen vereint und sollten daher auch als vereint betrachtet werden, völlig unabhängig davon, ob dieser nun Mann oder Frau ist.

Von vielen Frauen und Männern wird dieses kategorische Auseinanderdividieren von Charaktereigenschaften ohnehin als Demütigung empfunden. Kürzlich erlaubte ich mir bei einem Vortrag vor Mitarbeiterinnen eines Software-Unternehmens den Hinweis, dass ich es für einen großen Irrtum halte, der Weiblichkeit in erster Linie emotionale Kompetenzen zuzuschreiben. Ich erhielt rege Zustimmung dafür, sie nicht in die Emotionalitätsecke zu stellen. Denn die Frauen waren sich schließlich voll und ganz der Tatsache bewusst, dass allein ihre rationalen und analytischen Kompetenzen die Basis ihrer Arbeit bildeten.

Dass die Trennung in weibliche und männliche Kompetenz nicht der Realität entspricht, zeigen zwei Beispiele, die das vertraute Klischee ins absolute Gegenteil umkehren:

Wenn in einem Unternehmen ausschließlich Frauen innerhalb einer Abteilung oder eines Teams arbeiten, dann kann die Arbeitsatmosphäre bisweilen nicht nur von gegenseitigem Verständnis und Vertrauen bestimmt sein, welches für emotionale Kompetenz steht, sondern von subtilen Machtstrategien. Die weibliche Fähigkeit, mit strategisch langem Atem, mehr oder weniger unsichtbar ein Spinnennetz zu weben, in dem sich Kontrahenten erst nach geraumer Zeit verfangen, zu einem Zeitpunkt, wo sie gar nicht mehr wissen, worin das eigentliche Problem bestand, sollte als rationale Kompetenz bezeichnet werden.

Andererseits beweisen Männer oft eine ausgeprägte emotionale Kompetenz, wenn sie nach heftigen Auseinandersetzungen mit ihren Kontrahenten Sieg oder Niederlage sportlich eingestehen und die Angelegenheit damit abschließen und hinter sich lassen. Diese Haltung ist ein Zeichen von Fairness und Respekt und somit für emotionale Kompetenz.

Ein deutliches Gefühl für eine Sache war und ist oft die entscheidende Triebfeder für eine intensive rationale Auseinandersetzung. Beispielsweise gründen zahlreiche wissenschaftliche Einsichten auf einem Gefühl oder einer angenommenen Vorstellung von einem Sachverhalt, dem der Wissenschaftler dann in mühevoller Kleinarbeit nachforscht, bis seine ursprüngliche Intuition aufgrund seiner Erkenntnisse bewiesen oder widerlegt ist. Unabhängig vom Resultat entwickelt sich dieser Prozess in einem fruchtbaren Wechselspiel zwischen Rationalität und Emotionalität.

Manchmal benötigen wir unsere emotionale Kompetenz, um rationale Zusammenhänge zu verstehen. Die höchst komplexen Zahlen, die sich bei Finanzplänen, Budgets und Abrechnungen anhäufen, kann der Verantwortliche zwar verstehen, sie bleiben jedoch Selbstzweck, wenn er daraus keine inhaltlichen Schlussfolgerungen herausfiltern kann. Diese Fähigkeit unterscheidet übrigens gute von schlechten Controllern. Die schlechten und damit destruktiven interessieren sich nicht im Geringsten für die Argumente einer Abteilung, warum sie das Budget überschritten hat. Sie blicken auf die nackten Zahlen und fordern diese unerbittlich ein.

Controller mit emotionaler Kompetenz können aus Zahlentabellen Probleme und Veränderungen herauslesen und diese in einen übergeordneten Gesamtkontext bringen. Eine umfassende Analyse braucht nicht nur Rationalität, sondern auch den Blick über den Tellerrand der individuellen Aufgabe hinaus. Mit dem richtigen Gespür können Profis aus Zahlen beispielsweise die Folgen einer veränderten Marktsituation herauslesen und die entscheidenden Leute diesbezüglich rechtzeitig sensibilisieren. Oder sie bemerken die unvorhergesehenen Konsequenzen einer Umstrukturierung. Bei einer solch kreativen Betrachtungsweise von nüchternen Zahlen wird ein Controller zur Lösung von Problemen beitragen, anstatt nur eindimensional auf die Einhaltung der Vorgaben zu pochen.

Viele herausragende Leistungen großer Persönlichkeiten sind nur aufgrund dieser fruchtbaren Symbiose von rationaler Analyse und emotionalem Erkennen entstanden.

Michelangelo benötigte für seine Skulptur der Pietà ein außerordentliches technisches Wissen und begnadete handwerkliche und konzeptionelle Fertigkeiten, um sie so rein und makellos aus weißem Marmor zu meißeln. Gleichzeitig wären diese Anmut, Würde und Schönheit, die den Betrachter unmittelbar in der Seele rühren, ohne Michelangelos emotionale Tiefe und Erkenntnis nicht vorstellbar.

Die Macht der Bilder: Kompetenz oder Ignoranz

Wenn das Konzertpublikum nur hinsieht und nicht genau hinhört, kann es schwer zwischen einem erstklassigen Künstler und einem gewieften Blender unterscheiden. Nachdem die meisten Menschen heutzutage in erster Linie auf visuelle Informationen ansprechen, haben drittklassige Showstars leichtes Spiel. Die darstellerische Leistung auf der Bühne wird wichtiger als das klingende Ergebnis. Ein paar geschickt platzierte Geschichten über Haustiere und Hobbys des Künstlers oder der Künstlerin runden das Gesamtkunstwerk aufs Populärste ab. Auch bei CD-Produktionsfirmen wird der Einfluss einer fundierten Repertoire- und Künstlerpolitik stark zurückgedrängt. Nicht mehr versierte Musikkenner entscheiden über Produktionen, sondern Marketingstrategen, die nicht einmal den Ton »A« am Klavier finden würden und Beethoven nicht von Brahms unterscheiden können.

Vor Jahren habe ich die ersten drei CDs von Lang Lang für die *Deutsche Grammophon, Universal Music* produziert, heute bin ich verwundert, mit welch wundersamen Gesten er inzwischen während seiner Klavierdarbietungen versucht, seinen Marktwert zu steigern, obwohl er das rein pianistisch überhaupt nicht nötig hätte und stets seine faszinierende Meisterschaft beweist.

Als absoluten Gegenpol zu Lang Lang kann man den Pianisten Mikhail Pletnev betrachten, der auf die Bühne schlendert, als würde für ihn kein Publikum existieren. Er setzt sich verloren und abwesend ans Klavier und beginnt mit höchst introvertierter Sensitivität, die Musik ganz aus sich selbst heraus entstehen zu lassen und sie ohne jegliche ideologische Beschränkung auszuloten. Während Lang Lang von Öffentlichkeit und Interviews und dergleichen angezogen wird, verweigert sich Pletnev diesen Mechanismen vollkommen, zum Leidwesen seiner Plattenfirma.

Manche Zuhörer sind verstört von Pletnevs augenscheinlicher Distanz zum Publikum, andere wiederum von Lang Langs Bemühungen, seine Kunst nicht nur künstlerisch, sondern auch rein schauspielerisch zu vermitteln. Ihre optische Präsenz auf der Bühne wird ihrer musikalischen Darbietung nicht gerecht.

Der Maßstab der Beurteilung sollte daher ausschließlich das künstlerische Resultat sein, bei quasi geschlossenen Augen der Zuhörer. Und in Bezug auf das hörbare Resultat beweisen diese beiden großen Pianisten, bei aller Unterschiedlichkeit, problemlos ihre einzigartigen Qualitäten.

Wir müssen einfach wieder lernen, besser hinzuhören beziehungsweise viel genauer hinzusehen. Einzelne Bilder sind in ihrer Klarheit reizvoll und verführerisch, dennoch selten eine Abbildung der Wirklichkeit. Sie öffnen uns nicht für eine umfassende 360-Grad-Wahrnehmung, bei ihnen wird der Augenblick zum Tunnelblick. Bilder fördern unsere Wahrnehmungsfaulheit. Entweder sind sie ein willkommenes Zufallsprodukt, das sich gut vermarkten lässt, weil es eine gesellschaftliche Strömung bestätigt oder widerlegt, oder jemand hat es absichtlich auf einen ungünstigen fotografischen Augenblick abgesehen. Keine Top-Führungskraft kann vierundzwanzig Stunden am Tag darauf achten, dass man sie nicht in einem ungünstigen Moment erwischt. Selbstverständlich muss jeder, der die öffentliche Aufmerksamkeit auf sich zieht, einen Sinn für Zeichen und Symbole haben und bis zu einem gewissen Grad darauf achten, die Spielregeln des guten Geschmacks nicht zu verletzen. Aber wenn es ein Fotograf darauf anlegt, eine Millisekunde eines Ausdrucks zu erhaschen, der im Widerspruch zur erwünschten Außenwirkung des Prominenten steht, dann wird ihm das mit ein wenig Geduld und Engagement sicher gelingen.

Auch wenn die Meinung vorherrscht, dass Bilder nun mal

eine gewisse Rolle spielen und diese Tatsache Managern in ihrer Vorbildfunktion bekannt sein sollte, unterschätzt man damit das Problem der künstlichen Wahrnehmungssteuerung von Interessensgruppen.

Daher wäre es absurd, einerseits die Mechanismen der Medien zu kritisieren, während man andererseits weiterhin gerne glaubt, was man von ihnen serviert bekommt. Es ist die Pflicht des Einzelnen, sich umfassend aus verschiedensten Quellen zu informieren, bevor er sich eine Meinung bildet. Man darf doch nicht den Medien die Schuld für die eigene Wahrnehmungsfaulheit geben! Es liegt allein in unserer Macht, ob wir uns auf polarisierende Bilder stürzen oder sie mit Skepsis hinterfragen.

Jeder kennt das Foto, das Josef Ackermann siegesgewiss lächelnd mit zum Victory-Zeichen erhobener Hand unmittelbar vor Beginn des Mannesmann-Prozesses zeigt.

Es geht in diesem Zusammenhang nicht um die Frage, ob Abfindungen in dieser Höhe gerecht sind oder nicht, sondern allein um die Frage, was diese Pose in der öffentlichen Wahrnehmung auslöste und wie diese in den darauffolgenden Kommentaren Rückschlüsse auf die Fähigkeiten des Managers suggerierte. Nach diesem Foto wurde er als kalter, überheblicher und rücksichtsloser Manager dargestellt, dem es nur um Gewinn und Profit geht. Der Tonfall richtete sich so geschickt gegen ihn, dass man vergaß, dass dieses Ziel, die Mehrung des Gewinns, die selbstverständliche Aufgabe eines jeden Bankmanagers ist. Die Erklärungen der Situation und Entschuldigungen Ackermanns wurden zwar gedruckt, aber nicht zur Kenntnis genommen. Alle Welt stürzte sich auf dieses Symbol, das sicherlich ungeschickt war, aber aus der geschilderten Situation heraus durchaus verständlich.

Ackermann sagte dem *Manager Magazin*, dass er lange auf die Richterin warten musste und von Fotografen umringt gewesen sei. Sein Verteidiger habe ihm empfohlen, nicht zu sitzen und nicht in den Dokumenten zu lesen. Von Ex-Mannesmann-Chef Klaus Esser sei er im Gerichtssaal an den Prozess gegen Popsänger Michael Jackson erinnert worden. Daraufhin habe er spontan das Victory-Zeichen imitiert, mit dem Jackson seine Fans in der Welt begrüßte. Es war also eine gewisse Selbstironie dabei.

Man könnte diese Geste somit berechtigterweise völlig gegensätzlich interpretieren, nämlich als Ausdruck von Nervosität, mit der sich eine prominente Persönlichkeit quasi selbst Mut macht. Fast amüsant und eine Ironie der Geschichte ist, dass ihm sein Verteidiger dazu riet, möglichst locker rüberzukommen und nicht sitzen zu bleiben. Wäre Herr Ackermann dem Rat seines Verteidigers nicht gefolgt und mit gesenktem Kopf beim ernsten Studium der Akten fotografiert worden, wie es ursprünglich anscheinend seine Absicht war, hätte es diesen monatelangen Aufruhr nicht gegeben.

Diese ebenso mögliche Sichtweise klingt plötzlich viel weicher, jedenfalls zeigt sie kaum die pure Arroganz als viel mehr einen hohen inneren Druck. Hätte der Fotograf nur einen Hauch später abgedrückt, dann würde vielleicht weniger der siegesgewisse Gesichtsausdruck, sondern mehr das aufgesetzte und angespannte Lächeln ins Auge stechen, welches ja bereits im Ansatz zu erkennen ist.

Obwohl das Ackermann-Foto lange ausgeschlachtet wurde und danach alle auf weitere Management-Fehler von ihm warteten, die er sich jedoch nicht leistete, mussten inzwischen selbst seine Kritiker einsehen: Herr Ackermann ist wohl einer der profiliertesten und erfolgreichsten internationalen Bank-Manager.

Selbstverständlich dient der fotografische und gesteuerte Tunnelblick auch der Gegenstrategie, die Ackermanns Berater nach diesem Image-Desaster gestartet haben. Plötzlich überall nur mehr freundliche Fotos von ihm, die einen vertrauenswürdigen, souverän und entspannt lächelnden Herrn zeigen, dem man sofort blind sein gesamtes Geld anvertrauen würde.

Es ist oft sehr schwierig, sich aus der Distanz ein faires Urteil zu bilden. So wie ich Konzertbesuchern empfehle, bisweilen die Augen zu schließen, um zwischen der schauspielerischen Darbietung des Künstlers und seinen inhaltlichen Qualitäten unterscheiden zu können, sollte man auch bei der Beurteilung von Meinungs- und Wirtschaftsführern die in Bildern vermittelten Symbole und Zeichen ausblenden und nicht als Leitfaden verwenden.

Wenn selbst die vielfältige deutsche Medienlandschaft mit ihren ebenso unterschiedlichen Standpunkten nicht ausreicht, sich die nötigen Informationen zur eigenen Meinungsbildung zu beschaffen, ist es durchaus ehrenhaft, auch mal keine Meinung zu haben. Es ist souveräner, wahrnehmungsoffen zu bleiben und den eignen Standpunkt in der Schwebe zu halten, als sofort willenlos in den allgemeinen Chor einzustimmen und mitzusummen, ohne genau zu wissen, welches Stück eigentlich gespielt wird.

Als Herr Jürgen Schrempp die DaimlerChrysler Welt AG bastelte, zeigten fast alle Fotos einen kernigen, tatkräftigen, zielstrebigen Vorstandsvorsitzenden mit markanter Brille. Er strahlte Kraft und Entschlossenheit aus, der man einfach vertrauen musste. Dieser Eindruck wurde verstärkt durch seine stets gebräunte, leicht gefurchte Haut, was ihm die Aura des eleganten, mutigen Abenteurers verlieh. Ein James Bond der Wirtschaft, der gewohnt ist zu wagen und stets zu siegen.

Und seine Bilanz? Jahrelange Fehleinschätzungen ohne Ende, langfristige Ignoranz aller Warnungen von Fachleuten, eine enorme Vernichtung von Unternehmenswerten und des Aktienkurses. Vom Imageschaden ganz zu schweigen. Man ahnte ja nicht, wie sehr die Aura des Abenteurers auf ihn zutraf. Herr Schrempp ordnete alle Entscheidungen seinem Ego unter, er spielte Monopoly wie ein kleiner Junge, und keiner hinderte ihn daran. Erst nach Jahren wurde das Ausmaß des Desasters wahrgenommen.

Dies ist auch eine Geschichte über die mangelnde 360-Grad-

Wahrnehmung von Aufsichtsräten. Nicht selten interpretieren sie eine halsstarrige Borniertheit als überdurchschnittliche Kraft und Souveränität. Ihr Tunnelblick sorgt dann dafür, dass sie einen aus ihrer Mitte zum charismatischen Führer hochstilisieren. Meistens bleibt dieser nicht so lange auf seinem Posten wie Herr Schrempp. Das einzig Nachhaltige ist oft nur der Kollateralschaden, den tausende Mitarbeiterinnen und Mitarbeiter auszubaden haben.

Inzwischen veröffentlicht man immer wieder mal einige alte, demonstrativ selbstgewisse Fotos von Herrn Schrempp, weil man genau weiß, dass sich deren positive Wirkung aufgrund der Umstände ins Gegenteil verkehrt hat. Jetzt, nach seinem fürstlich honorierten Scheitern, werden die Bilder als Symbol seiner egoistischen Haltung gebraucht.

Diese Beispiele zeigen auf, wie bereitwillig wir darauf verzichten, genauer hinzusehen. Unsere Bereitschaft, uns punktuellen Visualisierungen hinzugeben und uns von diesen Momentaufnahmen verführen zu lassen, schafft erst den Boden für Missverständnisse der Wahrnehmung. Dann ist es doch nur allzu verständlich, wenn andere unsere Wahrnehmungsfaulheit ausnutzen wollen.

Letztlich handelt es sich hier um einen gesellschaftlich geförderten Tunnelblick, der zur öffentlichen Meinung wird und nicht im Geringsten zu einer umfassenden Betrachtungsweise einlädt.

Ein ausgeprägtes Wahrnehmungsvermögen und die konstante, oft mühsame Bereitschaft, die öffentliche Meinungsdynamik mit großer Skepsis zu hinterfragen, sind die Voraussetzungen, um beurteilen zu können, ob ein Mensch ein Ignorant ist oder autark und kompetent.

Intuition braucht Initiative

Der Pianist Mikhail Pletnev spielte als Solist die fünf Klavierkonzerte von Beethoven, ich begleitete ihn mit dem Russian National Orchester. Wir besprachen das künstlerische Konzept, und als Dirigent eines Solokonzerts gehört es zu meiner Rolle, mich auf die Interpretation des Solisten einzustellen. Die Schwierigkeit bestand bei Pletnev darin, dass er im Konzert extrem spontan aus dem Augenblick heraus musizierte, bisweilen im völligen Widerspruch zu den im Vorfeld getroffen Vereinbarungen. Ich muss dazu anmerken, dass jeder Dirigent immer »vordirigieren« muss. Das bedeutet, dass er nicht erst mit Dirigiergesten reagieren kann, wenn er den Solisten hört; das wäre zu spät. Wenn man bedenkt, dass das Orchester wiederum mit einer kleinen Verzögerung auf den Dirigenten reagiert, würden am Ende Orchester und Solist völlig auseinander erklingen.

Bei Pletnev musste ich das Unvorhersehbare seiner künstlerischen Willkür quasi vorausahnen, um mit ihm akustisch zusammenzubleiben. Meine Wahrnehmung war im Konzert permanent auf hypersensible Offenheit gestellt, gleichzeitig musste ich intuitiv, gerade bei schnellen Sätzen, im Voraus erspüren, wohin die Reise gehen könnte. Nun ist es fast ein Widerspruch, dem Solisten ein filigran hellhöriger Begleiter, dem Orchester hingegen ein entschieden deutlicher Dirigent zu sein. Für mich war das mein bisheriger Extremfall an vorausahnender Intuition und gleichzeitig entschlossener Initiative.

Es ist ein beliebtes Gesellschaftsspiel geworden, mit Stolz darauf zu verweisen, dass man von Anfang an das richtige Bauchgefühl in Bezug auf Menschen oder Entwicklungen hatte. Aber jedes intuitive Gefühl ist sinnlos, wenn wir nicht danach entscheiden und handeln. Ohne den gesunden Menschenverstand und einen klaren Willen zur Umsetzung bleibt jegliche Intuition hohl. Dann steht sie ein bisschen vage zwischen Gefühl und Verstand herum und weiß nicht so recht, was sie mit ihrem richtigen Gespür für komplexe Zusammenhänge anfangen soll.

Uns ist klar, dass wir wieder mehr auf unsere innere Stimme hören sollten. Schön und gut. Aber was nützt es, wenn man von Anfang an genau gespürt hat, was Sache ist, aber trotzdem nicht bereit oder fähig war, Schlüsse zu ziehen und angemessen zu reagieren?

Dann sind all die Erklärungen, dass einen das Bauchgefühl nicht getäuscht hatte, nichts anderes als eine nachträgliche Ausrede und Gewissensberuhigung.

Wir wissen intuitiv enorm viel, aber wir unterdrücken oder ignorieren es. Selbst wenn es um unser individuelles körperliches und seelisches Wohlbefinden geht, haben wir verlernt, auf unsere innere Stimme zu achten. Beruflicher Stress oder seelischer Druck verhindern Wahrnehmungsprozesse. Intuition braucht Augenblicke der Ruhe und ein wenig Beschaulichkeit. Andernfalls steigen nur vereinzelt Bruchstücke unseres Bauchgefühls in unser Bewusstsein hoch, mit denen wir selten konkret etwas anzufangen wissen.

Nur wenn wir uns selbst wieder mehr Aufmerksamkeit schenken, haben wir eine Chance, unsere intuitiven Kräfte zu nutzen. Dabei müssen wir nicht gleich die Sorge haben, zu Egoisten zu werden. Die Konzentration auf uns selbst, vor allem wenn es um unser Wohlbefinden und unsere innere Balance geht, wäre für manche permanent getriebene und gestresste Zeitgenossen eine rettende Chance. Wenn wir uns selbst besser wahrnehmen, können wir auch bei sozialen Prozessen leichter auf der Seite unseres Bauchgefühls stehen, vor allem wenn es nötig ist, danach zu handeln.

Die größten Hindernisse zur Umsetzung unserer Intuition sind wohl unser sozialer Anpassungstrieb und gesellschaftliche Zwänge. Bewertungen fallen uns leichter, solange wir allein sind, dann können wir unser Bauchgefühl ohne Hindernisse akzeptieren.

Wenn jedoch innerhalb unseres gesellschaftlichen Umfelds unsere Zustimmung oder Ablehnung erwartet wird, obwohl unser Bauchgefühl dagegen spricht, wird es plötzlich schwierig. Wir sind eben nicht allein auf der Welt und daher stets darauf angewiesen, uns bestmöglich abzustimmen und zu einigen. Das bietet zwar Vorteile im alltäglichen Zusammenleben, aber lohnende Weichenstellungen und Innovationen entstehen so nicht. Sie brauchen anfangs unbedingt die Distanz zum gesellschaftlichen Geschehen, um nicht bereits im Keim von Konsensbemühungen erstickt zu werden.

Aus diesem Grunde bevorzugen viele herausragende Persönlichkeiten die Abgeschiedenheit. Nur so haben sie den nötigen Freiraum, auf ihre Intuition störungsfrei zu hören und daraus ihre Gedanken und Ideen ohne permanenten Anpassungsdruck zu entwickeln.

Jede Führungskraft kommt zu einem Punkt, wo sie in ihrer Entscheidungsfindung einsam ist. Wie ich oben beschrieben habe, sind Ratschläge selten frei von Eigeninteressen der Ratgeber, insbesondere im beruflichen Umfeld, jedenfalls sind sie beeinflusst vom Charakter eines anderen. Aus diesem Grunde müssen das Vertrauen in die eigene Intuition und eine damit verbundene vernünftige Abwägung aller Argumente als Kraftquelle für Entscheidungsfindungen erkannt werden.

Daher sollten sich verantwortungsbewusste Führungskräfte in kreativen Phasen ein wenig abschotten und zurückziehen. Es ist kontraproduktiv, wenn sie ihre neuen Ideen bereits in der Entstehungsphase präsentieren, in der aus vager Intuition präzise Gedankenprozesse werden. Viele gute Ideen scheitern, weil Manager die interne Abstimmung viel zu früh suchen, auch wenn das heute überall gefordert wird. Es wird mehr von ihrer Substanz übrig bleiben, wenn aus ihren Gedanken bereits ein schlüssiges Konzept geworden ist, bevor sie den Mühlen der Diskussionsprozesse und Verhinderungsstrategien ausgesetzt werden.

Es kann passieren, dass die Sachlage eindeutig für etwas spricht, das Bauchgefühl aber dagegen. Die Sachlage, das sind meist Zahlen und Fakten auf Basis von Analysen, aus denen man in einer sich selbst bestätigenden Logik ein Handlungsschema ableitet. Ich plädiere in solchen Fällen dafür, die etwas unberechenbare Intuition genauso ernst zu nehmen wie die berechneten Zahlen, die letztlich mehr die theoretischen Zusammenhänge aufzeigen. Die Intuition kann in solchen Fällen eine übergeordnete Perspektive einnehmen, denn sie erfasst die Umstände, die von Zahlen nicht erfasst werden können, aber letztlich für den Erfolg entscheidend sind. Man braucht die Intuition, damit aus Theorie Praxis wird.

Wenn das Bauchgefühl trügt

Dürfen wir uns stets auf unsere Intuition verlassen, so als würde es sich dabei um eine Art innere Gesetzmäßigkeit handeln, die auf die unumstößliche Wahrheit hinweist? Meiner Erfahrung nach hängt sie immer auch von unserer inneren Verfassung ab. Denn unser Bauchgefühl reagiert ganz unterschiedlich, je nachdem ob wir positiv gestimmt oder unsicher sind.

Die Mehrheit der Künstler wird ein erstklassiges Konzert als ein solches empfinden. Dennoch ist es irritierend, wie sehr unsere Wahrnehmung von unserer Gemütslage abhängt. Ich habe nach wunderbar mitreißenden und vom Publikum euphorisch gefeierten Konzerten deprimierte Kolleginnen und Kollegen erlebt, die die Darbietung langweilig fanden und die allgemeine Begeisterung überhaupt nicht nachvollziehen konnten. Umgekehrt ist es verwirrend, wenn Kollegen ein Konzert mit leuchtenden Augen als tiefe Inspirationsquelle beschreiben, während man es selbst als fantasielose Routine erlebte.

Als ich den gegensätzlichen Urteilen nachforschte, stellte sich heraus, dass die Kolleginnen und Kollegen an diesem Abend oft von vornherein kein Lust auf das Konzert hatten beziehungsweise bereits in Hochstimmung waren, stets völlig unabhängig vom Konzerterlebnis selbst. So wie auch manche meiner Einschätzungen von meiner persönlichen Stimmung mitgeprägt sind.

Die jeweilige Gemütslage kann unsere Intuition verzerren und zu Fehlurteilen führen; dieser Einsicht muss man eine ausgeprägte Selbstwahrnehmung entgegensetzen. Denn es wirkt ziemlich anmaßend, wenn manche trotz ihrer offensichtlich schlechten Tagesverfassung ihre Urteile für allgemeingültig halten, ohne sie mit ihrer Befindlichkeit in Zusammenhang zu bringen.

Jeder hat ein Recht auf schlechte Tage. Gleichwohl sollte man in solchen Momenten bedächtig agieren und sich keinesfalls zu Urteilen hinreißen lassen, die nachträglich schwer zu revidieren sind.

Unser Bauchgefühl ist nicht nur abhängig von unserer jeweiligen Laune, sondern auch leicht manipulierbar, wenn es jemand mit netten Gesten, Lob und Wohlwollen überlistet.

Beispielsweise richtet Ihr Chef, zu dem Sie ein distanziertes, kühles Verhältnis haben, harte Worte gegen die Abteilung, der Sie vorstehen. Ihr Bauchgefühl sagt Ihnen unverzüglich, dass seine Kritik ungerecht und überzogen ist. Also werden Sie ihm widersprechen und Ihre Abteilung mit sachlichen Argumenten verteidigen. Wenn er seine Vorwürfe vorbringt, wenige Stunden nachdem Sie von ihm unerwartet eine tolle Gehaltserhöhung und überaus warme und wohlwollende Worte empfangen haben, sind Sie ihm gegenüber in einer positiveren Grundstimmung. Sie wollen dann sein Verhalten nicht so ernst nehmen und so streng sehen. Ihre Mitarbeiter sind zwar betroffen, aber Sie werden wahrscheinlich versuchen, sie zu trösten, in dem Sie das Verhalten des Chefs herunterspielen oder entschuldigen. Aufgrund der Wertschätzung, die er Ihnen entgegenbrachte, machen Sie sich im Extremfall insgeheim vielleicht sogar die Perspektive Ihres Chefs ein wenig zu eigen.

Sie nehmen zwar in beiden Fällen wahr, dass Ihr Chef ungerecht sprach, aber Ihre daraus folgenden Empfindungen und Handlungen werden unterschiedlich ausfallen. Das ist das Problem. Fürs Bauchgefühl ist eben auch die schöne Gehaltserhöhung ein Faktor.

Sie würden Ihrer Intuition nur dann wirklich gerecht werden, wenn Sie trotz der Gehaltserhöhung Ihrem Vorgesetzten seine Ungerechtigkeit klar vor Augen führten. Das erfordert Ihren Mut und wäre sicherlich unangenehm, langfristig aber wichtig und ganz im Sinne Ihrer Abteilung und Ihrer Mitarbeiterinnen und Mitarbeiter.

Es zeigt sich, dass Intuition ohne Gerechtigkeitssinn bei Führungskräften eine kontraproduktive Wirkung entfalten kann. Und dieser Gerechtigkeitssinn erfordert eine 360-Grad-Wahrnehmung und die Fähigkeit, von der Intuition in eine distanzierte Betrachtungsweise zu wechseln.

Gerade wenn man Verantwortung trägt, muss sich zur Intuition die Reflexionsbereitschaft gesellen, um ein angemessenes Führungsverhalten an den Tag legen zu können. Denn es ist Aufgabe der Führungskraft, die Rollen gerecht zu verteilen.

Es passiert oft, dass Führungskräfte intuitiv immer wieder dieselben Personen mit wichtigen Aufgaben betrauen, obwohl diese ohnehin schon überlastet sind, während andere nicht wissen, wie sie die Arbeitszeit füllen sollen. Die Führungskraft hat zwar das angenehme Gefühl, die Sache in bewährten Händen zu wissen, sie vernachlässigt jedoch die Förderung und Etablierung neuer Kräfte, die übernehmen können, wenn jemand plötzlich ausfällt. Intuition kann nur beurteilen, was sie kennt. Das darf nicht dazu führen, Neues erst gar nicht zuzulassen, weil es dafür noch keine intuitiv erfassbaren Kategorien gibt.

Aus diesem Grund darf eine Führungskraft nicht allein auf Intuition bauen, sie muss gleichzeitig auf eine faire Balance der

Rollenverteilung achten, damit bei ihren Mitarbeitern nicht der Burn-out regiert, entweder aus Überforderung oder mangels Aufgaben.

Wir müssen uns voll und ganz bewusst sein, dass ohne Verstand, Selbstreflexion und einen ausgeprägten Gerechtigkeitssinn, der uns als sozialer Leitfaden dient, unsere Intuition nichts weiter ist als ein Samenkorn, das ziellos umherirrt und keinen Halt und fruchtbaren Boden findet.

Entscheiden

Selbstdenken statt Ideologien

In der Welt der Musik blicken Klassikliebhaber auf Popfans herab, Jazzhörer auf Technofreaks, Bachfans auf Wagnerverehrer usw. Beethoven oder Verdi sind für manche nur richtig und wahr auf eine einzige und ganz bestimmte Art und Weise, andere Interpretationen stellen in ihren Augen eine unverzeihliche Unverschämtheit dar, die von der Liste der Möglichkeiten getilgt werden muss. Die Musik ist also keine ideologiefrei Zone.

Wenn es für alle unerträglich wird, weil sie merken, dass ihre ideologischen Konstrukte insgeheim nicht einmal ihren persönlichen Vorlieben entsprechen, trösten sie sich mit dem bedeutungsschwangeren Satz: »Es gibt nicht U- oder E-Musik, sondern nur gute und schlechte Musik.«

Diese Aussage trifft den Kern, weil sie die unterschiedlichen individuellen Bedürfnisse legitimiert. Denn niemand wird bestreiten, dass ernste Musik letztlich auch der Unterhaltung dient, während Unterhaltungsmusik für manche Menschen durchaus eine ernste Bedeutung haben kann.

Bevor man jedoch zwischen guter und schlechter Musik unterscheiden kann, muss man ihre Funktion verstehen. Zum Tanzen braucht man hauptsächlich einen mitreißenden Rhythmus, dabei sind Harmonien und Melodien weniger ausschlaggebend. Zum Träumen darf die Musik durchaus anspruchslos im Hintergrund plätschern, wofür sich beispielsweise die Musik von Bach weniger eignet. Denn sie verlangt höchste Konzentration und würde einen permanent von eigenen Gedanken ablenken. Und im Auto kann es auch mal ein Popsender sein, weil klassische Musik hohen Pegelschwankungen unterliegt: Manchmal hört man minutenlang überhaupt nichts, und nachdem man den Lautstärkeregler hochgedreht hat, dröhnt es plötzlich so laut, dass man das Lenkrad verreißt.

Problematisch und ideologisch wird es, wenn Mozartfans ihre melodisch-harmonischen Ansprüche zum allgemeinen Prinzip erheben und als Bewertungskriterien für Rapmusik definieren. Ebenso absurd ist es, wenn Freejazz-Fans die mangelnden Entfaltungsmöglichkeiten innerhalb der Klassik kritisieren, obwohl diese den Künstlern enorme Freiräume bietet, nur auf Basis ganz anderer Gesetzmäßigkeiten.

Man darf unterschiedliche Musikrichtungen, die ihre jeweilige Berechtigung und Funktion haben, nicht miteinander vergleichen. Volksmusik muss mit Volksmusik verglichen werden, Beethoven mit Beethoven. Daher sollten die Anhänger einer speziellen Musikrichtung deren Prinzipien nicht zum Maßstab für andere Gattungen machen.

Auch innerhalb der Klassik gibt es große Unterschiede in Bezug auf Sinn und Zweck: Metaphysische Grenzerfahrungen macht man vielleicht bei Anton Bruckner, Beethoven oder Brahms, aber kann man diese ernsthafte Auseinandersetzung mit Musik nach einem anstrengenden Arbeitstag ertragen? Da passt schon eher die leidenschaftlich-sinnliche Klangsprache Tschaikowskys. Wer die zeitlose Verbindung von Intellekt und Emotionalität in Perfektion erfahren will, legt eine CD von Bach oder Mozart ein. Und man muss fairerweise auch sagen, dass Musik, die Klassik genannt wird, nicht automatisch gehaltvoll und brillant ist. Es gibt beispielsweise unzählige Barockkompositionen für Kammerorchester, vorwiegend im Morgenprogramm der Klassiksender präsent, die im Vergleich zu manchen Popsongs geradezu primitiv sind.

Die Unterscheidung in U- oder E-Musik teilt somit weniger die Musik selbst als vielmehr die unterschiedlichen individuellen Bedürfnisse in Kategorien ein und klassifiziert diese als wertvoll oder minderwertig. Diese vordefinierten ideologischen Normen erfassen nicht den einzelnen Menschen mit all seinen Neigungen, sondern sie berauben ihn der Individualität und degradieren ihn zum Gesinnungsgenossen einer allgemeinen Strömung, Gruppe oder Nationalität.

Aber auch ein Wagner-Fan will sich manchmal einfach nur nach einem pochenden Beat bewegen, zumal nach fünfstündigen Opern auf unbequemen Stühlen. Ebenso kann ein Jazzabend ein Genuss sein, bei dem man gleichzeitig etwas trinken kann im schummrigen Licht. Desgleichen sollte es keine ideologische Hürde geben, wenn sich Popfans in den Klangrausch von Strawinskys »Feuervogel-Suite« vertiefen.

Man muss endlich erkennen, dass es wechselnde Bedürfnisse und Stimmungen gibt, für die man sich die passende Musik aus dem reichen Angebot wählen kann. Überall dominieren nur ideologische Kategorien, also Zwänge, Ignoranz und Moden, anstatt ein wenig entspannt und pragmatisch anzuerkennen, dass in der Musik unterschiedliche Stilrichtungen, Interpretationen und Einsichten einen wertvollen Reichtum darstellen, der Horizonte erweitern kann.

Ideologien verhindern Individualität

Ideologien degradieren den Einzelnen in seiner Würde, indem sie festgelegen, durch welche Brille er die Welt betrachten muss, was richtig oder falsch, zu unterstützen oder zu verurteilen ist. Dabei kommt auf dramatische Weise das Grundrecht unter die Räder, dass jeder Mensch für sich selbst entscheiden darf, ja entscheiden muss. Was bleibt, ist der Herdentrieb.

Wenn ein Dirigent das Orchester nur als Töne produzierende Masse betrachtet, der er sein *Ich* überstülpt, werden sich die Musikerinnen und Musiker kaum im Ergebnis wiederfinden. Sie werden zu Sklaven einer künstlerischen Konzeption, die sie ohne Engagement abarbeiten und zu der sie keine persönliche Beziehung aufbauen. Das Resultat mag technisch in Ordnung sein, aber das Publikum wird spüren, dass das Wesentliche fehlt. Ohne die leidenschaftliche Partizipation der einzelnen Künstler am Gesamtprozess wird die beste Musik seelenlos klingen.

Ideologisch motivierte Konzepte schließen von der Masse auf den Einzelnen, was ihm nur selten entspricht. Wenn Unternehmen den Menschen aus den Augen verlieren, ob nun als Mitarbeiter oder Kunden, werden sie nicht nachhaltig erstklassige Produkte erzeugen können. Die Gefahr wächst, dass sie hohler Selbstzweck werden, ohne sich an den eigentlichen Bedürfnissen der Menschen zu orientieren.

Führungskräfte sind in Unternehmen permanent vorgefertigten Denkungsarten ausgesetzt, die ihrer persönlichen Meinung wenig Spielraum lassen. Bereits wenn sie antreten, wird ihnen gesagt, was optimal funktioniert beziehungsweise welche Hürden auf sie warten. Man will sie mit ausreichend Vorwissen ausstatten, um ihnen einen erfolgreichen Start zu ermöglichen. Und dann bekommen sie die üblichen Sprüche zu hören: »Bei uns kommt keine Führungskraft gegen den Vertriebschef an, aber wenn Sie ihn manchmal zum Essen einladen, wird er Ihnen keine großen Schwierigkeiten machen.« – »Sie sollten keine Entscheidung treffen, ohne sich mit der Personalabteilung abgestimmt zu haben.« –

»Ganz im Vertrauen: Wir sind eine große Familie, Eigenmächtigkeiten sind hier bei uns fehl am Platz.«

Verantwortungsbewusste Manager, die sich von solchen vorgefertigten Meinungen nicht irritieren und beeinflussen lassen, müssen bald einsehen, dass die meisten Vorab-Informationen nur gewissen Interessengruppen im Unternehmen nutzen. Daher muss es einem Manager gelingen, sich von solchen Einflüssen frei zu machen. Was ihn natürlich nicht daran hindern sollte, sich gleichzeitig einen Überblick über erfolgreiche Arbeitsstrategien erfahrener Kollegen und Mitarbeiter zu verschaffen.

Wenn er sich Ansichten gestattet, die denen seines Umfeldes widersprechen, dann muss er sich allerdings auf einen einsamen Kampf gefasst machen. Manchen Führungskräften wird es sehr schwer gemacht, ihre eigenen Schlussfolgerungen zu ziehen. Denn ihr Umfeld befürwortet nur kosmetische Korrekturen, damit sich die Veränderungen in Grenzen halten.

Ideologien blockieren die 360-Grad-Wahrnehmung. Wenn sie einmal definiert sind, werden sie in Beton gegossen. Daher können sie auch nicht der Erkenntnis dienen, denn diese braucht das lebendige, offene und flexible Denken.

Letztlich sind Ideologien theoretische Konstrukte, die sich eine Interessensgemeinschaft, vielleicht sogar in bester Absicht, ausgedacht hat. Am Anfang stand vielleicht eine gute Idee, der sich in der Folge andere Menschen anschlossen. Dagegen ist überhaupt nichts einzuwenden. Problematisch wird es, wenn die Verfechter einer Idee zu der missionarischen Überzeugung gelangen, dass ihre Sache letztlich für alle Menschen gelten müsse. Dann wird eine Idee zur Ideologie. Und wie die Erfahrung zeigt, vertrauen ihre Anhänger selbst nach schlimmsten Irrwegen weiterhin auf ihr ideologisches Konstrukt, denn in ihren Augen ist es unantastbar.

Ideologische Denkungsarten dulden keine Meinungsvielfalt,

sondern nur die Norm, die ihnen, ihrer Erfahrung und ihren Wertvorstellungen entspricht.

Die freiwillige Selbstaufgabe

Es ist kaum möglich, den individuellen Charakter frei von gesellschaftlichen Strömungen zu entwickeln, da inzwischen fast alle Felder der menschlichen Natur katalogisiert und in Schubladen gepackt sind. Dieses gesellschaftlich-ideologische Korsett wird bisweilen auf eine sehr subtile Weise geschnürt. Und das führt dazu, dass wir unsere Persönlichkeit mehr oder weniger bewusst dem Mainstream und einer freiwilligen Selbstzensur unterwerfen, damit uns nicht das betrübliche Gefühl beschleicht, zu sehr vom allgemeinen Lebensgefühl abgekoppelt zu sein.

Wenn wir nur Fertiggerichte und Tiefkühlkost kaufen, werden wir nicht nur das Kochen verlernen, sondern auch das handwerkliche Geschick und den Sinn dafür. Bedienen wir uns in Bezug auf unsere Entscheidungsfindungen lieber im Supermarkt vorgedachter Ideologien, dann verlernen wir nicht nur das Selbstdenken, sondern auch das Vermögen, uns dessen zu bedienen. Gleichzeitig kommt uns unser Vertrauen in unsere Urteilskraft abhanden. Denn selbstverständlich stehen ideologische Konserven für alle Unternehmensfragen und Lebenslagen abrufbereit im Angebot.

Bereits im Jahre 1784 schrieb Immanuel Kant: »Aufklärung ist der Ausgang des Menschen aus seiner selbstverschuldeten Unmündigkeit. Unmündigkeit ist das Unvermögen, sich seines Verstandes ohne Leitung eines anderen zu bedienen.«

Bei uns kann zwar jeder sagen, was er will, dennoch gibt es einen großen Druck von außen, welche Meinungen in welcher Situation und Gesellschaft angebracht sind. Selbstverständlich haben wir hierbei uns nicht um Leib und Leben zu fürchten, wenn wir provozieren oder widersprechen. Es stellt sich jedoch die Frage, ob

Meinungsäußerungen tatsächlich noch als frei angesehen werden dürfen, wenn in erster Linie ideologische Gruppenzwänge das individuelle Empfinden und Verhalten dominieren.

Wenn sich in unserem Gewissen ein Widerspruch zwischen unserer persönlichen Meinung und der öffentlich politisch korrekten entwickelt, spüren wir genau, wie wir uns bestmöglich verhalten müssten, um nicht aus dem Rahmen zu fallen. Falls wir unsere mangelnde gesellschaftspolitische Kompatibilität bei heiklen Themen im Voraus erahnen, behalten wir unsere Gedanken lieber gleich für uns, damit uns dadurch keine Nachteile erwachsen. Dies ist eine Art vorauseilender Gehorsam.

In manchen Meetings müsste man die Selbstzensur der Teilnehmer überlisten, indem man die Losung ausgibt, dass jeder Einzelne mindestens eine unsinnige Idee äußern muss. Denn meistens werden Gedanken, die innovatives Potenzial enthalten, nicht ausgesprochen, aus Angst, dass die anderen über eine nicht ausgereifte Idee herfallen und sie in der Luft zerreißen.

Umgekehrt habe ich in Meetings ohne Maulkorb erlebt, dass sich mehrere scheinbar substanzlose Einfälle plötzlich zu einer großen Idee vereinigten, die dann auch erfolgreich umgesetzt werden konnte. Ohne eine Kommunikationskultur, manchmal auch das Unausgegorene formulieren zu können, hätten die einzelnen Ideen nie voneinander erfahren und zu einer sinnvollen Einheit zusammengefunden.

Es gilt der Grundsatz: Maulkörbe verhindern Innovation. Denn wenn Mitarbeiter wissen, dass ihre Beiträge nicht gefragt sind, verlieren sie die Lust, über den Tellerrand hinauszudenken.

Für Manager existieren zahlreiche allgemein akzeptierte Fluchtmöglichkeiten, die ihnen das Selbstdenken ersparen, und nicht selten geben sie sich diesen verlockenden Angeboten bereitwillig hin. Denn mit ihrer Hilfe können sie die Mühe, zu eigenen Erkenntnissen zu gelangen, auf praktische Weise umschiffen. Ich meine das reichhaltige Angebot an Management-Theorien und unternehmenskulturellen Ideologien, mit deren Hilfe sie sich auf die Seite einer bereits vorgefertigten und für richtig befundenen Meinung schlagen können, ohne sich selbst mit komplizierten Fragen auseinander setzen zu müssen.

Ein waches, sensibles Wahrnehmungsvermögen der Führungskraft, in Verbindung mit ihrer Bereitschaft, sich unabhängig von der vorgegebenen Denkungsart ihre Meinung zu bilden, wird ein Unternehmen positiv und nachhaltig beeinflussen.

Krampf statt Unternehmenskultur

Wenn die Auftraggeber meiner Vorträge und Seminare im Vorfeld bei mir anfragen, wann ich ihnen meine visuelle Präsentation zukommen lasse, lehne ich dies stets mit dem Hinweis ab, dass es bei mir weder PowerPoint noch Beamer gibt. Eine Visualisierung kann zwar technische oder strategische Prozesse und Zusammenhänge auf überaus sinnvolle Weise ergänzen. Aber von bildlicher Darstellung intellektueller Inhalte und Werte halte ich nichts. Sie lassen sich nicht einfach bunt und plakativ aufbereitet an die Wand projizieren, so oft und gerne man das heutzutage auch versucht. Übrigens ist es mir noch nicht gelungen herauszufinden, warum Manager, die im Berufsalltag die Bürde großer Verantwortung zu tragen haben, auf Tagungen diese kindlich-naiven PowerPoint-Spielchen überhaupt dulden. Vielleicht ist es der Gruppenzwang, oder diese Simplifizierungen bieten ihnen, im Kontrast zu ihrer täglichen Praxiserfahrung, eine willkommene Erholung vom anstrengenden Job. Denn nachdem sie solche wenig nachhaltigen Event-Tage absolviert haben, treibt es sie, wie die Erfahrung zeigt, sehr schnell wieder zurück an den Schreibtisch der Realität.

Die Vermittlung einer Unternehmenskultur und die Verpflichtung zu verbindlichen Werten gehören inzwischen zum Standard der meisten Unternehmen. Es muss jedoch auf verantwortlicher Seite das Interesse bestehen, dass diese Prozesse, die oft externe Agenturen und Berater übernehmen, nicht zur Show mit Verbalakrobatik und anschließendem Sushi verkommen. Nach dem Motto: Man sieht sich ohnehin so selten, da darf nichts stören. Die aktuellen Probleme sind Schnee von gestern, allerdings nur bis morgen. Praxistaugliche Inspiration: Fehlanzeige. Alle Hierarchieebenen sind sich stillschweigend einig: Wenn's vorbei ist, hat's nicht geschadet, wenigstens war man in geselliger Runde zusammen, und das ist tatsächlich ja auch ein Wert an sich.

Ich lehne eine allgemeine Wertevermittlung von außen ab, die meistens zu einer Vermittlung von Begriffen ausartet. Damit meine ich den krampfhaften Versuch, positive Losungen wie beispielsweise Qualität, Innovation oder Zusammenhalt in einem Unternehmen zu installieren, ohne gleichzeitig den Bezug zur alltäglichen Praxis herzustellen. Qualität ist ein Wert, der keine Deklarationen, sondern ein präzises Prozessmanagement benötigt. Desgleichen kann Innovation nicht als Devise ausgegeben werden, sondern sich nur auf Basis von Voraussetzungen wie Veränderungs- und Risikobereitschaft entwickeln. Der Begriff Zusammenhalt wird sich im Alltag nur wiederfinden, wenn die Führungskräfte ihre Hausaufgaben machen und beispielsweise offener und direkter mit ihren Mitarbeiterinnen und Mitarbeitern kommunizieren.

Stattdessen werden Beratungsagenturen engagiert, die dem Unternehmen in einem überschaubaren und vor allem bezahlbaren Zeitraum eine sogenannte Wertekultur vermitteln müssen. Dabei haben die Berater verständlicherweise mehr die Interessen ihrer Auftraggeber im Auge als die drängenden Alltagsprobleme des Unternehmens. In mehr oder weniger interaktiven Gruppenprozessen definiert man unter Aufsicht eines Coachs, welche Nützlichkeiten als Wert betrachtet werden sollen, um als Bestandteil in die Unternehmenskultur übernommen zu werden. Selbstverständlich haben die Mitarbeiterinnen und Mitarbeiter das Recht, sich mit ihren Wertvorstellungen einzubringen, dennoch läuft dieser Prozess oft in vorgefertigten Mustern ab, von nuancierten Abweichungen abgesehen. Die meisten Wertevermittler haben eine vordefinierte Zielvorstellung, und allein das beweist schon, dass es nicht um offene Veränderungsprozesse geht, sondern um Pflichterfüllung mit Gruppenzwang. In diesem Fall wissen die Teilnehmerinnen und Teilnehmer genau, welche Ansichten sie sich offiziell erlauben können und welche sie besser für sich behalten, um den edlen Wertevorgang nicht zu unterbrechen.

Veränderung muss von innen entwickelt werden. Werte dürfen einer Gruppe keinesfalls von außen übergestülpt werden. Zuallererst müssen sie sich im Einzelnen als inneres Bedürfnis manifestieren. Und dieses Bedürfnis entwickelt sich wiederum nur dann, wenn der Einzelne durch die alltägliche Realität inspiriert wird, sein eigenes Bewusstsein als fruchtbare Quelle für ein Ringen um Inhalte zu verstehen. Erst wenn man individuell, also ganz für sich allein entschieden hat, sich selbst-denkend um eine Haltung zu bemühen, wird das automatische Nebenprodukt eine Wertvorstellung sein, der man sich persönlich verbunden fühlt, weil sie aus einem selbst heraus entstand. Aber diese muss lebendig bleiben, sich stetig verändern und entwickeln, wie der Mensch selbst.

Der Maßstab für eine fruchtbare Wertekultur in Unternehmen kann also nur die tagtägliche Praxis sein.

Sobald sich die oder der Einzelne mit seinen individuellen Bedürfnissen, Einsichten und Fähigkeiten innerhalb der Unternehmensstrukturen tatsächlich persönlich angesprochen fühlt, werden alle ideologischen Konzepte mit Eventcharakter überflüssig.

Umgekehrt beobachte ich gerade bei Unternehmen mit dichten und unflexiblen Strukturen die Tendenz, sich ein- bis zweimal jährlich zur Ermunterung aller Angestellten das Werte-Mäntelchen umzuhängen. Diese Veranstaltungen sind von der Arbeitsrealität und den Erfahrungen der Mitarbeiterinnen und Mitarbeiter meistens völlig abgekoppelt.

In diesem Zusammenhang möchte ich eine kleine Provokation, die ich mir bei einem Vortrag geleistet habe, verraten:

Im Briefinggespräch für ein Referat vor Führungskräften eines traditionsreichen deutschen Unternehmens bat mich der Chef der Kommunikationsabteilung, mich auf die drei neuen Kernwerte des Unternehmens, die er mit seinem Team in monatelanger Kleinarbeit entwickelt hatte, zu beziehen, denn die ganze Veranstaltung würde der Vermittlung einer neuen Wertekultur dienen. Als ich nachfragte, um welche Begriffe es sich handelte, zögerte er und meinte, diese wären im Augenblick noch streng geheim. Zuerst müsse er die Zustimmung einiger verantwortlicher Personen einholen, bevor er mir diese neu definierten Unternehmensprinzipien mitteilen könne. Mein Vortrag rückte näher, aber die Geheimniskrämerei nahm kein Ende. Schließlich gab man mir am Tag des Referats hinter der Bühne einen Umschlag, der die geheimnisumwitterten Worte enthielt. Was ich las, gab mir das Gefühl, dass sich jemand mit mir einen Scherz erlaubt hatte. Als ich begriff, dass es ernst gemeint war, steckte ich den Zettel in die Sakkotasche und betrat die Bühne des Saales, in dem 500 Mitarbeiterinnen und Mitarbeiter auf mein Referat über die noch unbekannten Kernwerte warteten. Nach der Hälfte meines Vortrags gab ich die drei neuen Unternehmensgrundsätze bekannt: Qualität, Innovation, Zusammenhalt. Danach fragte ich die Zuhörer: »Sehr geehrte Damen und Herren, ich finde Ihre neuen Kernwerte ausgezeichnet. Wirklich erstklassig. Aber bitte sagen Sie mir, was haben Sie eigentlich in den letzten 80 Jahren so gemacht?« Vorsichtiges Gelächter einerseits, betretenes Schweigen andererseits.

Nun, ich denke, dass man pure Selbstverständlichkeiten nicht mit allzu großem Eifer auf die Wertefahne hängen sollte, noch dazu wenn man sie als Resultate langwieriger und mühevoller Denkprozesse darstellt. Sonst sind diese Werte nichts als künstliche Konstrukte, die in ihrer plakativen Schlichtheit eher peinlich berühren.

Wenn solche unternehmenskulturellen Versuche wenig Wirkung entfalten, dann liegt das meistens nicht am mangelnden Willen der Beteiligten, sondern an der künstlichen, alltagsuntauglichen Abgehobenheit der vermittelten Ideologien.

Manchmal erlebt man als Dirigent einen Produzenten, der sich im Vorfeld einen detaillierten Plan ausgearbeitet hat, der dann oft völlig im Widerspruch zum aktuellen Geschehen steht, da jeder künstlerische Prozess seine eigene Dramaturgie entwickelt. Ein solcher Produzent hält dann oft krampfhaft an seinem Plan fest, im Glauben, damit einen wertvollen Beitrag zu leisten. Wenn die Kommentare und Hinweise des Produzenten während der Aufnahme spürbar dem Zweck dienen, Dirigent und Orchester wieder auf den richtigen Pfad seiner vorgedachten Zielsetzung zu leiten, dann wissen alle, dass er von der Sache völlig abgekoppelt und für die Praxis keine wertvolle Stütze mehr ist.

Seine Unfähigkeit, sich auf den künstlerischen Entwicklungsgang einzulassen, und sein kontinuierliches Bemühen, vordefinierte Gesichtspunkte zum Maßstab zu machen, boykottieren die Schaffenskraft der Künstler.

Ein erstklassiger Produzent wird während der Aufnahme weder den Zeitfaktor noch den Qualitätsmaßstab aus den Augen verlieren, dennoch muss er stets auf Basis der aktuellen Entwicklung nachjustieren. Er strebt das bestmögliche Resultat an, im Bewusstsein, dass dieses nicht mit vorgefertigten Rezepten erreicht wird, sondern nur mit Praxisbezug.

Wer auftritt, muss spielen

Wenn Künstler die Bühne betreten haben, gibt es für sie kein Zurück mehr.

Ich finde als Dirigent die Augenblicke unmittelbar vor Konzertbeginn faszinierend. Während ich im Künstlerzimmer auf meinen Auftritt warte, höre ich vor der Tür ein vielstimmiges Durcheinander von Blas- und Streichinstrumenten, auf denen sich die Musiker einspielen. Wenn dieser Geräuschpegel plötzlich verstummt, weiß ich, das Orchester betritt die Bühne. Dann umgibt mich Stille, bis mich der Saal- oder Orchesterwart vom Künstlerzimmer abholt. Während zuvor ein großes Gedränge hinter den Kulissen herrschte, ist jetzt alles wie ausgestorben. Hinter dem Eingang zur Bühne muss ich im Halbdunkel noch einige Augenblicke warten. Durch ein verstecktes Fenster oder Guckloch kann ich meistens hinaus in den hell erleuchteten Saal sehen: Das Publikum ist gespannt und fast verstummt, das Orchester wartet mit gestimmten Instrumenten.

Erst wenn die Bühnentechnik das Signal bekommt, dass alle Türen geschlossen sind, und die Saalbeleuchtung auf Konzertniveau verdunkelt wurde, bekomme ich grünes Licht für meinen Auftritt. Ich kann mich genau daran erinnern, wie mir in einem solchen Augenblick vor einem Konzert mit dem Birmingham Symphony Orchestra einmal der Gedanke kam, was jetzt wohl passieren würde, wenn ich es mir urplötzlich anders überlegen und ins Hotel zurückkehren würde. Eine ziemlich komische Vorstellung, so kurz vor dem mit Spannung erwarteten Beginn.

Nach einer Weile des Ausharrens würde dem Orchester nichts anderes übrig bleiben, als unverrichteter Dinge nach Hause zu gehen. Das Publikum wäre stinksauer und würde das Geld zurückverlangen.

Nachdem ich mir die katastrophalen Folgen eines solchen Abgangs ausgemalt hatte, betrat ich rätselhaft schmunzelnd, wie mir danach ein Musiker sagte, die Bühne.

Falls ich meinen Auftritt abgeblasen hätte, wäre für das Orchester und die versammelte Zuhörerschaft offensichtlich geworden, dass ich mich als Dirigent vor meiner Aufgabe gedrückt habe und meiner Führungsverantwortung nicht gerecht wurde. Der Schaden wäre unwiderruflich. Denn ich kann mich schwerlich vor versammeltem Publikum in Ablenkungsversuche und Ersatzhandlungen flüchten und versuchen, die Zuhörer mit Witzen oder Zaubertricks bei Laune zu halten. Es würde mich auspfeifen und nie wieder kommen. Obgleich der Schaden nicht so dauerhaft wäre wie bei einem Skispringer, der während des Anlaufs kurz vor dem Absprung schnell abbremst, weil er es plötzlich mit der Angst zu tun bekommt. Er würde in Schieflage vom Schanzentisch rutschen und sich alle Knochen brechen.

Diesen deutlich sichtbaren Handlungsdruck gibt es selbstverständlich auch bei unzähligen Prozessen in der Wirtschaft, beispielsweise bei allen technischen Arbeitsabläufen, die präzisen und zupackenden Entscheidungswillen erfordern. Wenn beispielsweise ein Computerfehler Arbeitsprozesse lahmlegt, müssen die Techniker sofort handeln, ohne sich auf langwierige Diskussionsprozesse einzulassen. Solche direkten Umsetzungsaufgaben sind selten auf der Führungsebene angesiedelt.

Bei Managern manifestiert sich der Druck auf eine ganz andere Art und Weise: Sie wissen, dass sich die Ergebnisse ihrer Entscheidungen auf das Unternehmen und die Beschäftigen weniger unmittelbar als langfristig auswirken.

Eine solche Führungsverantwortung, die mehr konzeptioneller, also geistiger Natur ist, bietet allerdings auch Fluchtmöglichkeiten. Denn intellektuelle Prozesse sind weniger offensichtlich und für Außenstehende nicht so klar einzuordnen wie der peinliche Rückzug eines Künstlers vom Podium. Daher lässt sich in der Wirtschaft oft, wenn überhaupt, erst bei nachträglicher Analyse beurteilen, welche Manager sich aus welchen Gründen im entscheidenden Moment ausgeklinkt und von ihrer unmittelbaren Entscheidungsverantwortung verabschiedet haben. Und dieser Spielraum wird von Managern bisweilen sehr gerne in Anspruch genommen.

Das Grundprinzip von Ursache und Wirkung wird in Wirtschaftsprozessen erfahrungsgemäß vernachlässigt. Meistens wird die Schuld dort gesucht, wo eine anfänglich falsche Führungsentscheidung am Ende ihre schädliche Wirkung entfaltet. Wenn beispielsweise aufgrund von Umstrukturierungen oder Einsparungen die Arbeitsabläufe ins Stocken geraten, übernimmt nur selten der Entscheider die Verantwortung für die Probleme. Zusätzlich wird eine effiziente Lösung des Problems verhindert, weil manche Führungskräfte lieber an den Symptomen herumbasteln und Mitarbeiterinnen und Mitarbeiter weiter ins offene Messer laufen lassen, anstatt pragmatisch ihren Entscheidungsfehler zu analysieren und zu korrigieren.

Entscheiden heißt Abschied nehmen

Es gibt ein ungeschriebenes Gesetz für die orchestrale Probenarbeit, manche Orchester haben es sogar schriftlich fixiert: In der Generalprobe darf ein Dirigent keine Änderungen mehr vornehmen oder verlangen.

Der Probenplan für symphonische Konzerte besteht bei allen internationalen Berufsorchestern gewöhnlich aus vier Hauptproben und einer abschließenden Generalprobe. In den Hauptproben werden die technischen Umsetzungsstrategien diskutiert, ausprobiert, verworfen, abgestimmt. Teilstücke werden geprobt und wiederholt, bis es abteilungsübergreifend klappt. In diesem vielschichtigen Prozess sind Entwicklungen und Veränderungen an der Tagesordnung. Doch dann kommt die Generalprobe vor dem ersten Konzert, in der alle Musikerinnen und Musiker mit dem Dirigenten den aktuellen Entwicklungsstand auf seine Tragfähigkeit testen sollen.

Manche Dirigenten sind nach einer intensiven Probenarbeit so gut in Schwung, dass sie die Generalprobe im Arbeitsstil der Hauptproben gestalten wollen. Sie brechen weiterhin die Musik nach wenigen Takten ab, ändern ihr Konzept und machen neue Vorschläge, was beispielsweise die mühsam erarbeitete Bogenstrich-Strategie der Streicher völlig ad absurdum führen kann. Dieses Verhalten ist der Albtraum eines jeden Orchesters. Denn in der Generalprobe muss das Werk ohne Unterbrechung durchgespielt werden, selbst wenn Fehler passieren. Nur so können die Musiker, insbesondere die Bläser, erkennen, wie sie sich ihre Kraft für das zweistündige Konzert effizient einteilen müssen.

Falls ein Dirigent die Generalprobe zur Arbeitsprobe umfunktionieren will, weil er neue Ideen hat, die er noch nicht einbringen konnte, dann wird ihn das Orchester auf den speziellen Charakter der Generalprobe hinweisen und bitten, das Werk auf dem gegenwärtigen Stand zu belassen, um nicht die erarbeitete Stabilität so kurz vor dem Auftritt zu gefährden. Oft schwingt bei diesem Hinweis an den Dirigenten mit, dass er ja dafür in den Proben zuvor mehr als genug Zeit gehabt hätte.

Ich weiß auch von Schauspielerinnen und Schauspielern, die es völlig aus der Fassung bringen kann, wenn sie der Regisseur in der Generalprobe in plötzlicher kreativer Erleuchtung von einer anderen Seite der Bühne auftreten lassen will, obwohl ihnen die lang geprobte Version inklusive aller Gesten und anderer Bewegungen bereits in Fleisch und Blut übergegangen ist. Der Preis ist eine Destabilisierung der Aufführung. Denn künstlerische Prozesse brauchen Entschiedenheit.

Man muss nüchtern akzeptieren, dass jede Entscheidung der Schlusspunkt für vorausgegangene Wahrnehmungsprozesse ist. Eine Entscheidung kann neue Spielräume und Handlungsfelder eröffnen beziehungsweise diese einschränken und Grenzen setzen. Eine Entscheidung ist immer auch ein Abschied von anderen, vielleicht sogar lieb gewonnenen Möglichkeiten.

Daher muss sich jede Führungskraft einen klaren Termin setzen, an dem sie ohne Wenn und Aber entscheidet. Alles hängt vom richtigen Zeitpunkt ab und letztlich muss sie dabei in erster Linie von ihrem Verantwortungsgefühl geleitet sein. Zuerst muss sie umfassend wahrnehmen, bevor sie Prioritäten setzen kann. Gleichzeitig muss sie nüchtern einkalkulieren, dass die getroffene Entscheidung in erster Linie ihrem persönlichen Wissensstand und nicht dem ihres Umfeldes entspricht. Darin manifestiert sich ihre Führungsverantwortung.

Manche Manager vertagen notwendige Entscheidungen häufig nicht aus Mangel, sondern aus Überfluss an Information, wobei sie den Wald vor lauter Bäumen nicht mehr sehen. Dann ist die Versuchung groß, dass sie sich einen Tunnelblick aneignen und wichtige Informationen einfach ignorieren. Aber eine prinzipielle Vereinfachung beziehungsweise Reduzierung von vornherein ist nicht gleichbedeutend mit der Fähigkeit, ein Auge fürs Wesentliche zu besitzen.

Aus einem einfachen Grund ist jede Hängepartie schädlicher als eine Entscheidung, selbst wenn sich diese nachträglich als falsch herausstellt:

Entscheidungen haben eine Wirkung, sie lösen Reaktionen aus. Erst dadurch erhält man die nötigen Informationen und den wichtigen Realitätsbezug, um sie gegebenenfalls nachjustieren oder korrigieren zu können.

Ohne klare Entscheidungen gibt es zwar weniger Widerstände und Hürden, aber auch nicht die geringste Chance auf Klärung, welche Strategien langfristig erfolgreich sein können.

Tagtäglich begegnen wir allerdings auch dem umgekehrten Fall. Standpunkte werden als Gesetz und bestimmte Einsichten als Gewissheit betrachtet, bevor überhaupt präzise abgeklärt wurde, ob sie es tatsächlich auch sind. Vieles, was als allgemeine Voraussetzung angesehen wird, hält der Realitätsprüfung nicht stand. Als ich beispielsweise die erste CD von Anna Netrebko produzierte, gab es anfangs innerhalb und außerhalb des Unternehmens viele Stimmen, die aussprachen, was jahrzehntelang als Selbstverständlichkeit vorausgesetzt wurde: »Eine russische Sängerin in Deutschland funktioniert nicht!« Nun, die Wirklichkeit bewies das Gegenteil.

Wir können Entscheidungsprozesse nur zu einem Ende bringen, wenn wir uns nicht nur von anderen Möglichkeiten, sondern auch von lieb gewonnenen Normen und Gewohnheiten verabschieden. Und trotzdem springen wir meistens auf fahrende Züge auf und betrachten dieses Manöver bereits als mutigen Ansatz. Gegen dieses Surfen im vorgefertigten und gut ausgebauten Schienennetz der Erkenntnisse wäre nichts einzuwenden, wenn dabei nicht die wichtigsten Faktoren für erfolgreiches Unternehmertum unter die Räder kämen: Visionen und Innovationen.

Denn beide brauchen als Fundament den erklärten Willen, alte Denkweisen und Strategien über Bord zu werfen. Viele visionäre Ideen werden im Nachhinein als logisch und nahe liegend betrachtet. Die Leistung des Erfinders oder Entdeckers besteht meistens in dem Mut, sich aus einer neuen Perspektive heraus einem vertrauten Thema anzunähern und diesem neue Aspekte und Einsichten abzugewinnen.

Wir dürfen vorausgesetzte Bedingungen nicht als unveränderlich, sondern müssen sie als im steten Fluss befindliche Faktoren betrachten. Und daher hat eine Führungskraft die Verpflichtung, gesetzte Normen unentwegt zu hinterfragen, um sich gegebenenfalls von ihnen wieder zu verabschieden, wenn ihre Gültigkeit abgelaufen ist. Diejenigen, die eingefahrene Denkgewohnheiten als solche durchschauen, schaffen Innovationen.

Das Zögern der Kultivierten

Wenn der Dirigent viel Respekt hat vor dem berühmten Solisten, den er begleitet, der Solist wiederum ein ehrfürchtiger Bewunderer des Dirigenten ist, dann kann die gemeinsame Aufführung böse enden. Was passiert beispielsweise am Ende der solistischen Kadenz? So nennt man übrigens den Teil eines Solokonzerts, in dem das Orchester dem Solisten allein das Feld überlässt und dieser sich frei austoben und seine Virtuosität demonstrieren kann, bis am Ende das Orchester, nach einer klar abgesprochenen Überleitung, wieder gemeinsam mit dem Solisten einsteigt, meistens mit einer Modifikation des ursprünglichen Hauptthemas.

Wenn der Solist also seine Kadenz mit einem Triller ausklingen lässt und voller Rücksicht auf den Einsatz des Dirigenten wartet, der hingegen dem Solisten nicht vorgreifen will und auf dessen Zeichen zum Anschlag des Themas hofft, dann kann sich dieser Prozess peinlich lange hinaus zögern. Nach dem Motto: Und wenn sie nicht gestorben sind, dann trillern sie noch heute. Es ist wie bei zwei würdevoll ergrauten Männern, die stundenlang vor einer Tür stehen und sich gegenseitig nobel auffordern: Bitte nach Ihnen!

Das Orchester hält abruf- und spielbereit voller Spannung die Luft an, bis sich vielleicht eine orchestrale Führungskraft, der Konzertmeister vorzugsweise, der Sache annimmt und endlich das Einsatzzeichen gibt und alle aus diesem Vakuum kultivierter Rücksicht erlöst.

Parallel dazu verhalten sich auch manche Manager zögerlich und passiv, obwohl sie sich intensiv auf eine Materie eingelassen haben. Wenn sie ihre Denkprozesse nach einer bestimmten Frist nicht zusammenfassen und sich nicht abschließend zu einem klaren Standpunkt durchringen, werden sie am Ende die Entscheidungshoheit verlieren und zu Getriebenen von äußeren Umständen, auf die sie keinen Einfluss mehr haben und denen sie dann fortwährend hinterherhecheln müssen.

Es widerstrebt leider gerade sensiblen Naturen, sich zu einem klaren Votum zu bekennen, nachdem sie sich bewusst zahlreichen Argumenten gestellt und diese offen in sich aufgesogen haben. Bisweilen können sich solche Führungskräfte so gut in die Lage von Personen, die von ihren Entscheidungen abhängig sind, versetzen, dass sie es nicht übers Herz bringen, sich gegen deren Interessen festzulegen. Bisweilen bieten Entscheidungen neue kreative Chancen, gerade indem sie manchen Mitarbeiterinnen und Mitarbeitern klar und unerbittlich ihre künftigen Grenzen aufzeigen.

Echte Persönlichkeiten machen sich ihre Entscheidungsfindung alles andere als leicht. Sie wägen mit Kompetenz alle Argumente und Fakten ab und scheitern letztlich daran, dass sie in diesem Prozess nur sehr schwer und dadurch zu spät das lang ersehnte Ende definieren.

Daher muss ein Manager stets wach sein für den richtigen Augenblick, in dem er sich von interessanten Erörterungen und Abwägungen lösen und die Entscheidungsfindung abschließen muss.

Gerade die Wahrnehmungsfreudigen wissen nur zu gut, dass sich alles im Leben stets im Wandel befindet; daher bedeutet in ihren Augen jede deutliche Festlegung gleichzeitig eine Blockade einer vielleicht ungeahnten Entwicklung. Es ist ihnen klar, dass sie, philosophisch betrachtet, wohl niemals alle Aspekte erkannt und abgewogen haben werden und sich somit vielleicht irren können. Diese umfassende Perspektive lässt sie zögern, denn es könnte ja noch einen Aspekt geben, der ihnen entgangen ist. Derart umsichtige Manager sammeln mit Vorliebe immer weiter Material für positive wie negative Argumente, um der Sache insgesamt nach bestem Wissen und Gewissen gerecht zu dienen.

Diese menschlich verständliche Haltung wird Führungskräften bisweilen als Klugheit und guter Stil ausgelegt, führt aber die Unternehmen in eine Sackgasse, aus der sie kaum zu befreien sind. Ihren Mitarbeiterinnen und Mitarbeitern sind solche Manager aus zwei Gründen sympathisch: erstens wirken sie nicht rücksichtslos und ignorant, denn sie hören zu und überdenken offen neue Aspekte. Zweitens spüren die Mitarbeiterinnen und Mitarbeiter intuitiv, dass sich bei diesem angenehmen Führungsstil wahrscheinlich auf absehbare Zeit nichts verändern wird, sie also auch keine Umgestaltungen zu befürchten haben. Somit mündet diese Unfähigkeit zum endgültigen Urteil meistens in ein unternehmerisches Desaster.

Man kann die dadurch entstehende Lage nur mit dem Mikrokosmos auf einem Luxusdampfer, der sich auf Kollisionskurs befindet, beschreiben: Alle Klassen vereinen sich im Rausch der Harmonie und des gegenseitigen Verständnisses, und keiner der Führungscrew verspürt die Lust, sich von dieser verlockenden Glückseligkeit zu entfernen, um auf der einsamen, kalten Schiffsbrücke die verbleibende Zeit zum Gegensteuern zu nutzen.

Ich will selbstverständlich damit nicht sagen, dass Führungskräfte nicht weise und umfassend gebildet sein sollen. Nur eines sollte verbindlich gelten: wer Verantwortung trägt, muss auch ein klares Gespür dafür besitzen, wann Denkprozesse abgebrochen und Entscheidungen ohne Wenn und Aber getroffen werden müssen.

Die Tendenz einer Führungskraft, sich mit der Aura eines verständnisvollen Überblicks über die Gesamtsituation auszustatten, ohne jemals klar Position zu beziehen und Pflöcke einzuschlagen, zeigt letztlich nur den Grad ihrer Überforderung an.

Wenn man das Ruder loslässt

Dirigenten, die das Orchester nicht stören wollen, sind die Extremform und Steigerung des zuvor erwähnten noblen Zauderers. So wichtig es ist, dass sich der Dirigent in manchen Augenblicken zurücknimmt, um die orchestralen Solostimmen flexibel zu unterstützen, so dramatisch wäre dieses Verhalten bei kraftvollen Orchesterstellen, wo der gesamte Apparat klare Zeichengebung braucht, damit er nicht vollends auseinanderbricht. Denn das Ohr des einzelnen Musikers kann niemals der alleinige Maßstab sein.

Wenn kleine Ensembles auf der Bühne musizieren, dann können sich alle Mitspieler bestens hören und sehen. Bei großen Orchestern wogt der Schall der Streicher zuerst in den Saal, dort wird er an den Wänden reflektiert und schwappt wieder zurück Richtung Bühne und zu den hinten sitzenden Bläsern. Wenn diese rein nach Gehör spielen würden, wären sie stets um Bruchteile von Sekunden zu spät dran. In manchen Konzertsälen müssen die Musiker permanent gegen ihren akustischen Sinneseindruck spielen, damit das Publikum Präzision erlebt. Es braucht also eine präzise Führung, damit alle wissen, woran sie sind.

Dementsprechend dramatisch ist der Imageverlust eines Dirigenten, der unter akustisch schwierigen Bedingungen und in Momenten komplizierter Rhythmik zum Orchester die jovialen Worte spricht: »Wissen Sie, ich lass Sie jetzt einfach mal machen. Sie sind ein fantastisches Ensemble, daher schaue ich jetzt einfach mal, was Sie mir so anzubieten haben.« Er sagt dies in der Hoffnung, dass die Musiker ihre Freiheit zu schätzen wissen, ohne zu verstehen, dass alle in solchen Situationen nur seine Führungskompetenz vermissen.

Diese banale Variante des zögerlichen Führungsstils, den ich im vorigen Abschnitt beschrieb, demonstrieren Manager, wenn sie ganz bewusst untätig darauf warten, dass sich Entscheidungen aus der Not irgendwie von selbst ergeben. Sie lassen ihre Mitarbeiter führungslos treiben und verkaufen diese Inkompetenz als entkrampften, rücksichtsvollen und teamorientierten Führungsstil, der sich jedoch schnell als hohle Attitüde entlarvt. Wenn Entscheidungen auf diese Art und Weise, also mehr nach dem Zufallsprinzip herbeigeführt werden, sind sie prinzipiell schon fragwürdig, jedenfalls sind sie weder innovativ noch visionär.

Manche Manager steuern ihr Schiff nicht auf klarem Kurs in den angestrebten Zielhafen, sondern überlassen es mitsamt der Mannschaft wie Treibgut Wind und Wellen, in der Hoffnung, dass irgendwann, mit ein bisschen Glück, die richtige Strömung einsetzt und es ans Ufer des Erfolges treibt. Die gesamte Belegschaft ist verunsichert, hat Angst, nur die Führung zweifelt nicht daran, dass das Schiff nach langer Odyssee auf unberechenbarem, offenem Meer irgendwo an Land getragen wird.

Aber es muss einmal gesagt werden, dass sich deren Zuversicht meistens auf die Sorge und Wachsamkeit der Untergebenen stützen kann, die nicht sehenden Auges ins Verderben schwimmen wollen. Sie holen die Kohlen aus dem Feuer und zerren still und heimlich und mit größtem Einsatz an den Rudern, um das Schlimmste zu verhindern. Wenn untätige Manager am Ende bisweilen doch beträchtlichen Erfolg haben, dann nur weil sich die gesamte Belegschaft aus der Not mit dem Unternehmen solidarisiert und den Kurs trotz einer diffusen oder nicht wahrnehmbaren Führung gehalten hat.

Und falls doch ein gewisser Zweifel an der Urheberschaft des Erfolgs aufkommt, dann stellen kluge Führungskräfte ihre Untätigkeit als strategisch geplante Motivationshilfe für ihre Mitarbeiterinnen und Mitarbeiter dar. Notfalls überlassen sie ihnen sogar großzügig den Ruhm des Erfolgs, in dem sie sich sonnen, nur eben nicht das Honorar.

Oft laufen solche Schiffe jedoch auf Grund, bevor sie den sicheren Hafen erreicht haben.

Wenn Führungskräfte ihre ziel- und heillose Passivität als weit blickenden, weisen Führungsstil verkaufen, der andere Stimmen zur Entfaltung kommen lässt, ist es nicht immer leicht, dies als pure Ausrede für eine chronische Entscheidungsunfähigkeit zu entlarven.

Manager müssen das Ruder in der Hand behalten, manchmal vielleicht auch das Steuer herumreißen. Das ist ihre wichtigste Aufgabe, dafür werden sie bezahlt. Den richtigen Moment für Entscheidungen zu finden bleibt stets eine große Herausforderung. Eine offene 360-Grad-Wahrnehmung ist der erste Schritt, das ehrliche Zulassen vieler Argumente der zweite. Dann jedoch muss, auch gegen den Willen Andersdenkender, eine Führungskraft ihre Entscheidung treffen und den Prozess des Argumente-Sammelns abschließen. Man kann danach immer noch Feinjustierungen vornehmen. Lieber keine Pflöcke einzuschlagen, weil sich die Lage ja vielleicht wieder verändern könnte, beweist nicht weisen Überblick, sondern ein unheilvolles Maß an Verantwortungslosigkeit.

Die Auswahl der Mitspieler

Die optimale Auswahl der Musikerinnen und Musiker eines klassischen Streichquartetts beinhaltet Kriterien, die auch für die Besetzung des engsten Umfelds eines Managers gelten können. Diese vier Spezialisten müssen ja nicht nur künstlerisch erstklassig harmonieren, sondern auch in Bezug auf ihre individuellen Wertvorstellungen und Denkansätze zusammenpassen. Die Identität eines Quartetts wird nicht dadurch bestimmt, dass alle Mitglieder identische Ansichten haben. Dies wäre künstlerisch wenig ertragreich, denn nur Reibungen und Auseinandersetzungen schweißen die vier Musikerinnen und Musiker im Laufe der Zeit auf hohem Niveau zusammen. Entscheidend ist, ob alle gegenseitig ihre Motive und Ansichten einschätzen können und mit offenen Karten spielen, indem sie ihren Mitspielern schonungslos Einblick in ihre Beweggründe gewähren. Nicht eine von vornherein übereinstimmende Meinung schafft Harmonie, sondern die Offenheit im Umgang mit Unterschiedlichkeit.

Das Anforderungsprofil der Mitspielerinnen und Mitspieler beinhaltet, dass jeder von ihnen beim gemeinsamen Musizieren bereits im Vorfeld die Entwicklungen des anderen erspüren kann, sowohl intuitiv als auch intellektuell. Sie müssen den Gestaltungswillen eines Mitspielers, aber auch plötzliche Unsicherheiten unmittelbar wahrnehmen. Dann können sie auf die Konsequenzen von spontanen Veränderungen angemessen reagieren und neuen Varianten eine Chance geben. Parallel dazu loten sie mit höchster Konzentration und Sensibilität aus, welcher Weg sie konzeptionell ausgewogen zum Ziel führt. Diese Prozesse würden ohne das reaktive Vertrauen in ihr Umfeld nicht funktionieren. Wenn sie die Reaktions- und Denkweisen ihrer Mitspieler voll und ganz verstehen, akzeptieren und als Entscheidungsfaktor in ihre Arbeit einbauen, gehören sie zur Weltelite, wie beispielsweise das Wiener Alban Berg Quartett oder das New Yorker Emerson String Quartett. Aber all diese Faktoren bedeuten keinesfalls: Vier Freunde müsst ihr sein.

Je größer die Verantwortung, desto weniger kann ein Manager alle Felder bis ins letzte Detail überblicken und abdecken. Allein schon aus Zeitgründen wäre es undenkbar, wenn er bei seiner täglichen Arbeit die Meinung seiner unmittelbaren Mitspieler stets aufs Neue skeptisch hinterfragen und auf Tauglichkeit überprüfen müsste.

Führungskräfte müssen bei ihren engsten Beratern genau erfassen können, welchen Bewertungskriterien diese folgen, welche Motive und Denkansätze sie ihren Entscheidungen zugrunde legen. Sie müssen sich auf ihr engstes Umfeld blind verlassen können. Daher ist es ihr volles Recht, sich ihr Team entweder neu zusammenzustellen beziehungsweise vertraute Leute mitzubringen, auch wenn sie dann dem Vorwurf der Vetternwirtschaft ausgesetzt sind. Falls das nicht möglich ist, müssen sie alles daransetzen, zu ihrem engsten Führungskreis eine Art kammermusikalisches Verhältnis aufzubauen. Wie jeder weiß, ist nur eine eingespielte Führungsriege schlagkräftig, die sich nicht in Konkurrenzkämpfen verschleißt. Leider funktioniert das meistens nicht, und zwar nur, weil Einzelne diese Notwendigkeit mit dem Zwang verwechseln, sich mit ihren Leuten kumpelhaft zu verbrüdern und dringend erforderliche Widersprüche unter den Teppich zu kehren.

Aber nichts schafft mehr Misstrauen als krampfhafte Harmoniebemühungen. Dieser Druck hat zur Folge, dass sich zwangsläufig Interessengruppen bilden, die sich abschotten und irgendwann mangels Informationsfluss gegeneinander arbeiten.

Eine gegenseitige respektvolle Distanz und offene Reibungen auf Basis einer inhaltlichen Zielsetzung sind bessere Bedingungen für eine erfolgreiche, eingespielte Führungsriege.

Ungerechterweise bleibt bisweilen ein schlechter Nachgeschmack, wenn ein Manager gleich zu Beginn und ohne Zögern die engsten Mitarbeiter auswechselt, bevor er deren Qualitäten beurteilen kann. Aber es gibt keinen Grund, diesen Mechanismus zu kritisieren, er ist notwendig und logisch. Denn die Gefahr, dass der Einfluss alter, gewohnter Sichtweisen und Normen seinen Elan verschleißen und ihn zu alten Entscheidungsmustern treiben würde, wäre allzu groß. Eine neue Führungskraft muss ihr Umfeld neu strukturieren. Das erspart ihr zwar keine Entscheidungsprozesse, aber wenigstens die endlose und aufreibende Mühe, alle gelieferten Informationen permanent von Grund auf mit Skepsis hinterfragen zu müssen. Der Vorwurf, dass der neue Manager weniger hart durchgreifen und mehr auf die erstklassige Erfahrung und das enorme Fachwissen der angestammten Führungskräfte bauen sollte, ist damit eigentlich entkräftet.

Diese Methode wird übrigens bei Fußballtrainern allgemein akzeptiert, wenn sie bei ihrem Amtsantritt gleichzeitig ihren vielköpfigen Stab installieren.

Ein Unternehmen kauft daher zusammen mit einer neuen Führungskraft oft auch deren unmittelbares Umfeld ein. Das Vertrauen in die Denkweisen und Beurteilungskriterien der direkten Mitarbeiterinnen und Mitarbeiter, auf die man als Führungskraft angewiesen ist, bildet das Fundament großer Verantwortung.

Kompetenz durch Distanz

Es ist uns ein vertrautes Bild: Ein Maler setzt mit sicherer Hand einen kleinen Pinselstrich, dann tritt er von der Staffelei einige Schritte zurück, um den Effekt seines Farbtupfers zu prüfen. Diese Distanz verschafft ihm den Gesamtüberblick und gestattet ihm, eine winzige Detail-Entscheidung im Gesamtzusammenhang zu betrachten. Auch wenn wir eine Galerie besuchen, machen wir bisweilen die Erfahrung, dass manche Bilder, beispielsweise von französischen Impressionisten, aus der Nähe nur unzusammenhängende und unverständliche Farbkleckse sind und sich ihre Bedeutung erst aus einiger Entfernung erschließt.

Man sollte nicht erst abschalten, wenn einem die Arbeit über den Kopf gewachsen ist. Es ist jeden Tag wichtig, sich vom alltäglichen Getümmel bewusst zu distanzieren, um den Kopf wieder frei zu bekommen. Zum erfolgreichen Ausklinken können wenige Minuten reichen. Führungskräfte sollten bereits im Vorfeld Motive für ihre Tagträume parat haben, die mit ihren beruflichen Herausforderungen absolut nichts zu tun haben. Und diesen sollten sie sich beispielsweise nach anstrengenden Meetings oder Verhandlungen für einige Augenblicke hemmungslos widmen, bevor der nächste vereinnahmende Termin naht.

Je größer die Verantwortung, desto mehr müssen wir, vor allem ohne schlechtes Gewissen, auf Distanz gehen. Sonst ist die Gefahr groß, dass wir uns in unwichtigen Details verheddern und unsere Energien auf Nebenschauplätzen aufreiben. Im Wirtschaftsleben darf eine innere Distanzierung keinesfalls mit mangelndem persönlichen Engagement verwechselt werden, wie das leider so häufig geschieht. Sich von früh bis spät ausschließlich und mit aller Kraft ins Tagesgeschäft zu stürzen reduziert nicht nur das Gesichtsfeld für die anstehenden Probleme. Auch die Gefahr, überhaupt nicht wahrzunehmen, dass sich hinter einigen fernen Hügeln bereits ganz neue Fronten zum unerwarteten Angriff formiert haben, wächst dramatisch.

Schon immer beobachteten die alten Heerführer vom entfernt liegenden Hügel aus das Kampfgeschehen. Dies geschah nicht, um sich feige vor dem Kampf zu drücken, sondern um aus der Distanz den Überblick zu behalten und die richtigen strategischen Entscheidungen treffen zu können.

Daher sind bewusste Augenblicke des »Sich-Abkoppelns« nicht ein Zeichen von Überforderung oder fehlender Bereitschaft zum persönlichen Einsatz, sondern ein sichtbares Zeichen, dass sich ein Mensch seiner großen Verantwortung bewusst ist.

Nur wenige Führungskräfte entscheiden immer allein; gemeinschaftliche Erörterungen sind an der Tagesordnung. Gerade deswegen muss man sich absondern und manchmal allein auf einen Berg steigen, um von dort oben, in frischer, unverbrauchter Luft, nicht nur die Sachlage, sondern auch die eigenen Mitspieler zu betrachten. Das hat überhaupt nichts mit gegenseitigem Misstrauen zu tun. Die Fähigkeit, in entscheidenden Momenten in die

Vogelperspektive zu wechseln, gibt dem Verstand Balance und Urteilskraft. Der Wille dazu gehört in den Rucksack einer jeden Führungskraft und muss dieser auch als absolute Selbstverständlichkeit, ja Voraussetzung für ihre Aufgabe zugestanden werden.

Ein erstklassiger Dirigent hält immer ein wenig Distanz zur Musik. Er lebt nicht voll und ganz in ihr, auch wenn es rein optisch den Anschein hat. Sein Ohr vergleicht stets Anspruch und Wirklichkeit. Falls sich plötzlich etwas anders entwickelt, beispielsweise die Trompeten für sein Konzept einen Hauch zu laut spielen, so wird er ihnen das unvermittelt durch eine bremsende Handbewegung anzeigen. Oder wenn eine Instrumentengruppe vom Tempo her nicht ganz präzise ist, so wird er sie sofort ins Auge fassen und speziell für sie seine Zeichengebung ändern, um alle Elemente wieder zusammenzuführen. Er muss also stets lebendig wahrnehmen, was tatsächlich passiert, und darauf muss er mit angemessenen Strategien reagieren. Das geht nur mit einem gewissen Abstand zum Geschehen.

Der fundamentale Gegensatz zwischen einem Dirigenten eines Orchesters und einem Musikliebhaber, der sich zu Hause seine Lieblingssymphonie anhört und gleichzeitig mitdirigiert, ist eklatant. Beide machen zwar Dirigierbewegungen, dennoch hat das eine mit dem anderen nichts zu tun. Und genau dieser Unterschied demonstriert auf wunderbare Weise, was das Wesen von Führungskompetenz ausmacht. Der Musikliebhaber hat keine Vision, kein Konzept, er dirigiert mit Verzögerung nach, was bereits vorgegeben ist. Nicht er dirigiert das Orchester, das Orchester dirigiert ihn. Er reagiert auf das Gehörte, wenn es bereits erklungen ist und stattgefunden hat. Er kann keinen Einfluss auf das Ergebnis nehmen, weder schneller oder leiser, noch heller oder mystischer. Sein Dirigieren ist nichts anderes, als der Wunsch, in persönliche Bewegung umzusetzen, was er bei einem künstlerischen Konzept im Nachhinein empfindet. Und diese Empfindung wurde nach dem Konzept des Dirigenten der CD entwickelt. Somit steht ein solcher Dirigent, so sehr er sich auch leidenschaftlich engagiert, hineinfühlt und verausgabt, für nichts anderes als Anpassung, konzeptionelle Selbstaufgabe, totale Passivität und Einflusslosigkeit.

Man hat mich schon oft gefragt, ob ich zu Hause bei Aufnahmen manchmal mitdirigiere, nachdem ich ja den Beruf des Dirigenten ausübe. Ein für allemal: Kein Künstler, der eine Vorstellung von einem Werk hat, kann jemals die Vision eines anderen mitdirigieren. Und wenn er es versucht, wird ihn sein Wille zur Gestaltung nach Sekunden von der vorgegebenen Musik brutal trennen. Das geht einfach nicht, es widerspricht sich selbst, ist also schlicht ein Ding der Unmöglichkeit.

Ein Dirigent vor einem Orchester muss hingegen stets einen Hauch »vordirigieren«, auch wenn das Publikum das nicht immer wahrnimmt. Er muss hören, was erklingen soll, bevor es tatsächlich erklingt. Er gibt Einsätze, bevor sie passieren, und sucht Bruchteile von Sekunden davor den Blickkontakt mit den Musikerinnen und Musikern, die sie ausführen sollen. Bereits im Vorfeld zeigt er durch seine Körpersprache den Stil, die Atmosphäre und das Klangbild an. Lange vor der ersten Probe hat er sich das symphonische Konzept auf Basis seiner Einsichten und nicht durch Anhören anderer CDs erarbeitet. Die Musik entsteht aus ihm heraus und aufgrund seines umfassenden Wahrnehmungsvermögens und seiner Entscheidungskompetenz.

Ohne eine permanent prüfende und kontrollierende Distanz zum manchmal sehr vielschichtigen Ablauf könnte er das nicht im Geringsten schaffen. Andernfalls würden die Wogen des Klanges über ihm zusammenstürzen und er würde glückselig mitgerissen werden und ertrinken, ohne jegliche Kontrolle über das Geschehen. Führung braucht Distanz.

Entscheidungsfindung im Team

Im Orchester sind die Rollen klar verteilt und das Feedback kommt unmittelbar ohne jegliche Zeitverzögerung, was die Entscheidungsstrukturen enorm erleichtert. Der Trompeter will nicht Cello spielen, die Geige sich nicht in die Belange der Flöte mischen. Der Dirigent hat nicht die Absicht, der Klarinettistin vorzuspielen, wie es geht. Und der Paukenspieler schlägt auf sein Instrument ein und nicht, weil ihm dessen Klang vielleicht missfällt, auf das Cello. Diese Rollenverteilungen habe ich in meinem Buch »Vom Solo zur Sinfonie – Was Unternehmen von Orchester lernen können« ausführlich beschrieben. In Bezug auf Unternehmensstrukturen weisen Beispiele dieser Art auf mehrere Aspekte hin: Erstens sind wir alle unterschiedlich und nicht jeder beherrscht jedes Instrument. Das soll man weder von sich noch von anderen erwarten. Zweitens ist gerade dieses konstante Wechselspiel der Kräfte die Basis für einen gemeinsamen Erfolg. Und um überhaupt von Wechselspiel und einem daraus entstehenden ausbalancierten Gleichgewicht sprechen zu können, muss man zuerst die Unterschiedlichkeit und Vielfalt benennen und akzeptieren.

Als Einzelner kann man an einer Wegkreuzung mit der entsprechenden Ausrüstung die richtige Folge von Wahrnehmung, Analyse, Test, Befund und Entscheidung finden. Allerdings darf man das Problem nicht unterschätzen, dass auch falsche Pfade attraktiv sein können, weil sie einem durch allerlei schön anzusehende Pflanzen und Bäume die Sicht auf Seitenwege, Abkürzungen und schnellere Nebenstraßen versperren. Richtig kompliziert wird es, wenn man mit einer Gruppe von Menschen in abgeschiedener und fremder Natur wandert und an eine Wegkreuzung kommt, wo keiner so recht weiß, wie es jetzt weitergehen soll. In diesen Momenten werden sich die unterschiedlichsten Verhaltensweisen in Bezug auf die Entscheidungsfindung unvermittelt herauskristallisieren, wie die folgenden zehn Beispiele zeigen.

- Der Aktive und Kraftvolle will einfach weiterlaufen, weil er gerade so gut in Schwung ist und jede Pause ihn aus dem Rhythmus bringt. Während die anderen stehen bleiben und überlegen, trabt er konzentriert schnaufend auf der Stelle weiter und baut damit einen unerträglichen Druck auf, der die anderen leicht zu Schnellschüssen verleitet. Vorteil: Er lehnt alles Zögern und Zaudern ab und ist eine treibende Kraft.

- Der Geheimnisumwitterte packt die Wanderkarte aus, setzt sich einsam und still an den Wegesrand und lässt niemanden an seinen wundersamen Gedanken und Einsichten teilhaben. »Geduld, Geduld, gut Ding braucht Weile«, ist sein alle Teilnehmer zermürbendes Losungswort, das sie im Regen stehen lässt. Vorteil: Er denkt, bevor er handelt.

- Der anpackende Bauchmensch weiß sofort, welcher Weg der beste wäre, mit dem Hinweis, dass er sich seit jeher auf sein Gespür verlassen konnte. Wenn man mit diesem Kollegen nicht schon mehrfach die Erfahrung gemacht hätte, dass ein von ihm geführter kurzer Spaziergang zu einer brutalen Tagestour ohne Verpflegung ausgeartet ist, würde man seiner Zuversicht glatt Glauben schenken. Vorteil: Er kann sich auch tolerant mit der Intuition anderer anfreunden.

- Der subtile Machtmensch hält sich kultiviert zurück und überlässt den anderen die komplizierte Erörterung. Wenn sich alle nach langwierigen Prozessen auf eine gemeinsame Strategie geeinigt haben, gibt er leise und behutsam bekannt, dass er das Resultat zu seinem Leidwesen für völlig falsch hält und daher seinen eigenen Weg einschlagen muss. Während er das sagt, dreht er sich bereits um und läuft los. Er wirkt dabei nicht stur und dominant, sondern eigenbrötlerisch und verloren. Die Kolleginnen und Kollegen stehen verdutzt da und spüren sofort, dass sie ihn keinesfalls seinem Schicksal überlassen können, denn sie hätten die Schuld zu tragen, wenn ihm etwas zustoßen würde. Daher wandeln sie meistens zähneknirschend auf seinem Pfade hinter ihm her, weil keiner den Mut hat, die erbarmungslosen Machtstrategien dieses Kollegen zu entlarven. Vorteil: keiner.

◆ Der Skeptiker analysiert für jeden möglichen Pfad sofort alle Gefahren und Komponenten mit kritischem Durchblick. Der wahre Grund seiner vielschichtigen Beurteilung kann jedoch manchmal sein, dass er überhaupt keine eigene Meinung hat, was er mit seiner konstanten kritischen Skepsis kaschiert. Vorteil: Sein Scharfsinn und seine Bereitschaft, alles zu hinterfragen, können durchaus fruchtbare und gewinnbringende Aspekte enthalten, auf die nicht verzichtet werden kann.

◆ Der Pfiffikus hält sich mit wachem Verstand und offenem Blick bei der Diskussion geschickt zurück. Einerseits, weil er sich die Möglichkeit nicht verbauen will, im Falle des Scheiterns der Entscheidungsfindung sagen zu können, dass er genau das ja vorausgeahnt und sowieso besser gewusst habe. Andererseits kann er sich jederzeit problemlos immer auf die Seite derjenigen schlagen, die die wahren Kompetenzen haben. Nur Nachteile, kein Vorteil.

◆ Der Vermittler versucht alle oberen Typen irgendwie unter einen Hut zu bringen, was ein existenziell wertvoller Beitrag ist. Sein Augenmerk richtet sich darauf, jedem seinen gerechten Anteil an der Diskussion zu verschaffen, wohlwissend, dass eine Fehlentscheidung sonst zu persönlichen Verwerfungen führen könnte. Der Vermittler sollte den Vorsitz an der Wegkreuzung übertragen bekommen. Der Vorteil ist offensichtlich. Eine Gruppe würde ohne einen fordernden und ordnenden

Vermittler bis zum Einbruch der Nacht an der Weggabelung stehen, und selbst bei Morgengrauen würden die Erörterungen noch nicht beendet sein.

◆ Der Nachbeter oder Imitator denkt und argumentiert nicht selbst, sondern filtert die Aussagen aller am Entscheidungsprozess Beteiligten auf ihre Tauglichkeit. Diese reine Konzentration auf sein Umfeld macht ihn energetisch frei, rechtzeitig die optimale Lösung zu wittern, die er am Ende als seine eigene verkauft. Obwohl er rein argumentativ kaum zum Gelingen beiträgt, bietet ihm diese Täuschung über seine Inkompetenz die Chance, alle Aspekte aus der Distanz zu betrachten. Der Vorteil kann sein, dass ein Ideen-Dieb die Argumente mit Überblick zusammenfasst, wenn kein richtiger Vermittler zur Stelle ist.

◆ Der Macher will schnell abwägen und dann zielorientiert handeln, was ihm als einsamem Wanderer sofort hervorragend und erfolgreich gelingt. Mit gleichem Einsatz und ebenso akkurat würde er den eingeschlagenen Weg korrigieren, falls er sich als falsch erwiese. Es widerstrebt ihm jedoch, endlos und untätig an der Wegkreuzung warten zu müssen, bis die anderen sich zu Einsichten durchgerungen haben. In einer Gruppe gelingt es ihm selten, sich mit einer gewissen Distanz von seinen eigenen Bedürfnissen zu lösen. Am Ende ist ihm jede Entscheidung recht, selbst wenn er sie nicht für die ideale hält. Während die anderen diskutieren, sieht er auf die Uhr und zum Himmel, ob sich hoffentlich Gewitterwolken ankündigen, aufgrund derer man die Meinungsbildung beschleunigen müsste. Vorteil: Dieser Charakter ist lebensrettend, wenn der eingeschlagene Weg später ins Abseits geführt hat und ohne Lamentieren und gegenseitige Schuldzuweisungen ein Weg aus der Krise gefunden und tatkräftig umgesetzt werden muss. Selbst in schwierigen Momenten wird er ohne Zögern die Führung übernehmen.

- Der Querdenker weist perfekt getimt gerade in einem Augenblick, in dem sich alle endlich auf eine gemeinsame Richtung verständigt haben, darauf hin, dass der gefundene Weg vielleicht der richtige sein mag, aber der andere Pfad seines Wissens nach landschaftlich viel schöner sei. Denn schließlich sei der Weg das Ziel. Diese völlig neue Sichtweise zerstört die Normen, nach denen die Entscheidung getroffen wurde, und das müssen alle nach einer Schrecksekunde erst einmal verdauen. Danach müssen sie einsehen, dass ihre Mühe umsonst war und die ganze Diskussion wieder aufgerollt und von vorne beginnen muss, unter Einbeziehung des neuen Aspekts, nämlich der landschaftlichen Schönheit. Der Querdenker genießt währenddessen seine tendenziell destruktive Macht und überlegt sich mit Eifer, welchen unerwarteten Aspekt er am Schlusspunkt der nächsten Entscheidungsfindung formulieren könnte. Vorteil: Selbst wenn sein ewiges Querdenkertum oft auf die Nerven geht, bisweilen eröffnen sich durch ihn ungeahnte Perspektiven. Vielleicht kann der Vermittler ihn dazu bewegen, nicht nur alles gegen den Strich zu bürsten, sondern sich auch einmal ums Tagesgeschäft zu kümmern.

Es werden natürlich nicht alle Grundtypen innerhalb einer Gruppe auftreten. Wenn viele Mitläufer dabei sind, wird sich eher der Aktive oder der Macher durchsetzen. Wenn die Gruppe den Teamgedanken ohne Vorbehalte gegen herausragende Fähigkeiten hochhält, wird sie wahrscheinlich dem Vermittler oder dem anpackendem Bauchmensch die Lösung des Problems anvertrauen.

Wenn die Mehrheit jedoch stur auf Gleichheit und Konsens pocht, dann wird wohl in den allermeisten Fällen der subtile Machtmensch die Führung übernehmen. Der Macher hätte keine Chance, auch wenn er qualifizierter wäre.

Das simple Einfordern von Teamfähigkeit greift bei Weitem zu kurz, da sich niemals alle dazu verpflichtet fühlen.

Die Mehrheit der Gesellschaft beklagt sich, dass nicht die Kompetenten, sondern die Machtbesessenen in Führungspositionen gelangen. Aber genau betrachtet ist daran nicht irgendeine geheime Macht schuld, sondern die Gesellschaft selbst.

Denn es wird immer Menschen geben, die die Teamfähigkeit anderer insgeheim zu ihrem Vorteil ausschlachten wollen. Dieser Antrieb gehört zur menschlichen Natur und es ist an der Zeit, sich dieser Einsicht pragmatisch zu stellen, anstatt sich mit realitätsfernen Teambegriffen zu plagen. Manche handeln nach dem Motto: Die anderen sollen sich ruhig mit Diskussionen und Konsensbemühungen solange im Kreis drehen, bis sie der Überdruss packt; ich muss dann nur im richtigen Augenblick zupacken und die Führung übernehmen. Letztlich ist diese Haltung nicht einmal anstößig, denn effiziente Menschen beweisen damit gleichzeitig ihren Willen zur Führungsverantwortung. Das Schlimme daran ist jedoch, dass ein Team mit dem manischen Drang zum Konsens und Interessenausgleich freiwillig das Heft aus der Hand gibt, selbst zu bestimmen, wer von ihnen die Führung übernehmen soll. Ein solches Teamverhalten verführt strategisch geschickte Personen quasi dazu, die Gruppe im Handstreich zu übernehmen und sich an ihre Spitze zu setzen.

Eine bis zum Exzess eingeforderte Teamfähigkeit darf nicht Entscheidungen und Positionierungen verhindern. Sonst blockiert sie auf allen Ebenen den Aufstieg der Tüchtigen, denen aufgrund ihrer Intelligenz oft auch ein hohes Maß an sozialer Kompetenz innewohnt und sie nobel davon abhält, sich gegen die Gruppe zu positionieren und die Führung zu übernehmen, auch wenn sie am besten dafür geeignet wären. Diese Fehlentwicklung ist dafür verantwortlich, warum nicht die Besten in Führungspositionen gelangen. Denn während die sich dem Teamdruck beugen, entwickeln die Machtbewussten in aller Ruhe ihre Strategien, dieses Kompetenz-Vakuum für ihre Karriere auszunutzen.

Erst wenn eine Gruppe oder ein Team anerkennt, dass der Wille zur Führung ein positiver Wert ist, können sich die Besten offen dazu bekennen. Dann müssen sich die Qualifizierten nicht mehr zurückhalten oder sogar verstecken. Und die geheimen und verschlungenen, von inkompetenten, aber machtbewussten Menschen erfolgreich benutzten Karrierepfade werden ausgetrocknet. Das Zulassen von Kompetenz fördert auf allen hierarchischen Ebenen den Aufstieg der Qualifizierten.

Die Kunst der Improvisation

Der Begriff »Improvisation« hat oft einen schlechten Beigeschmack. Seine wahre Bedeutung wird verkannt. Üblicherweise bezichtigt man jemanden der Improvisation, wenn man ausdrücken will, dass er keinen blassen Schimmer von einer Sache habe und nicht wisse, was er im Grunde eigentlich wolle. In diesem Sinne wird dieses wichtige Element des Handelns gleichgesetzt mit »Herumprobieren« beziehungsweise »im Nebel herumstochern«. Man spricht Führungskräften, die mit verschiedenen Fakten und Elementen offen und spielerisch improvisieren, fälschlicherweise von vornherein ab, dass sie ein klares Ziel vor Augen haben. Dabei verschaffen Improvisationstechniken tiefe Einblicke in die wahren Zusammenhänge, von denen manche, die immer nur eindimensional denken, nur träumen können.

Die Vorstellung von Improvisation wird vielleicht zu sehr von der Kindheitserinnerung an den eigenen Chemiebaukasten bestimmt, als wir planlos und zufällig Stoffe zusammen mixten, in der Hoffnung, dass dabei vielleicht irgendetwas Interessantes herauskommt. Aber es geht um das krasse Gegenteil. Es gibt ein zu erlernendes Handwerkszeug, das zur Improvisation befähigt. Dieses bietet auf manchen Gebieten der Entscheidungsfindung die Chance einer schonungslosen Realitätsprüfung.

Techniken der Improvisation

Im klassischen Jazz wird höchste Qualität mit den Techniken der Improvisation geboten. Weder Zufall noch Willkür geben dabei den Ton an, wie manche glauben. Im Gegenteil bedarf es einer Fülle von vordefinierten Orientierungspunkten und abgestimmten Weichenstellungen, damit eine Gruppe von Musikerinnen und Musikern perfekt zusammen improvisieren kann.

Wenn ein Jazzensemble ein Stück beginnt, dann wurde vorab festgelegt, von wem der Einsatz kommt. Dieser kann entweder mittels Blickkontakt oder eines kurzen akustischen Signals des Schlagzeugers gegeben werden, wenn das Stück nicht mit einem Solo anfängt. Dass diese Musiker optische Zeichen fast nebenbei, quasi aus den Augenwinkeln in Empfang nehmen und nicht mit Anspannung und konzentriertem Blick, spricht nicht für deren Unbekümmertheit, sondern für deren Professionalität. Während des Spielens stehen Soli und Ensemble miteinander im Wechselspiel.

In Bezug auf die Struktur des Werkes muss deutlich differenziert werden. An erster Stelle steht die Tonart, in der das Stück beginnen soll. Auch wenn die individuelle Ausgestaltung, was die detaillierte Tonfolge und rhythmische Akzentuierung betrifft, dem Spieler obliegt, sind Basis-Tonart und Grundrhythmus vorgegeben. Keiner darf ohne Vorwarnung die Tonart wechseln. Für den Fall, dass er das beabsichtigt, hat man vorgesorgt und bei den Proben ein oder mehrere optische Signale oder akustische Phrasen verabredet, die jede ihre spezielle Bedeutung haben und eine gemeinsame Reaktion bewirken. Alle Musiker wissen dann, dass beispielsweise bei einer gewissen Floskel des Trompeters dieser sein Solo nach vier Takten verlässlich beenden wird und sie danach in eine ebenfalls vordefinierte Tonart oder in einen neuen Rhythmus wechseln müssen. Nach solchen Wendepunkten gibt es für eine kurze Zeit wieder mehr individuelle Freiheit, stets innerhalb der Gesamtstruktur, bis zum nächsten Signal, welches erneut eine gemeinsame Richtungsänderung auslöst. Von der jeweiligen Entwicklungsstufe des Musikstücks hängt es wiederum ab, was die einzelnen Signale bedeuten und was darauf verbindlich folgt. Es sind in jedem Stück viele solcher Standards installiert, nach denen sich alle richten. Aber frei ist meistens, je nach Ensemble oder Musikstück, wie lange die einzelnen Teile sind und wie sie sich entwickeln. Gleichzeitig werden spontane Äußerungen eines Künstlers von anderen übernommen, weitergesponnen und ihm am Ende umgearbeitet und in neuer Form wieder zurückgegeben. Nicht selten mit Witz und Ironie. Schließlich und endlich ist beim Improvisieren trotz aller Wendungen und Entwicklungen klar, wohin sie gemeinsam wollen.

Es fördert sowohl die Entscheidungsfindung als auch das Innovationsvermögen innerhalb einer gleichberechtigten Gruppe oder eines Teams, wenn die Technik des Improvisierens in Kommunikationsprozessen bewusst ihren Niederschlag findet.

Meetings beginnen zumeist mit einem Solo einer führenden Kraft, die damit den Ton angibt, in der Musik beispielsweise das Saxophon. Die Frage ist, ob nun die Mehrheit versucht, ins gleiche Horn zu blasen, um diese Kraft in ihrer Würde und Weisheit zu bestätigen. Sicherlich wäre es dreist und peinlich, wenn der Pianist das Saxophon imitieren würde, um sich eine bessere Ausgangsposition zu verschaffen. Oder wenn ein Bassist versuchen würde, um sich beim Saxophonisten einzuschmeicheln, auf seinem Bass zu blasen. Sinnvoller wäre es, wenn Pianist und Bassist eine Wendung herbei zauberten, die eine thematische Erweiterung und Ergänzung des tonangebenden Aspekts mit ihren Mitteln und aus ihrer Perspektive bietet.

Kommunikation ist fruchtbar und effizient, wenn die Gedanken eines anderen weitergeführt und entwickelt werden oder ein

Gegenbild entworfen wird. Selbstverständlich müssen auch in improvisatorischen Kommunikationsprozessen klare Regeln herrschen.

◆ Der *Rhythmus* und die *Tonart*, also die gegenseitige Synchronisation und Abstimmung des prinzipiellen Inhalts, müssen im Vorfeld definiert werden.

◆ Das *Tempo* und die *Dauer* des Prozesses müssen – Abweichungen erlaubt–, festgelegt werden, um ausufernde, sich im Kreis drehende Darbietungen gegebenenfalls zu verhindern und einen klaren Rahmen zu geben.

◆ Die *Balance* von individuellen und gemeinschaftlichen *Bedürfnissen* charakterisiert die allgemeine Tonart. Auch ein meistens eher im Hintergrund wirkender, aber im wahrsten Sinne des Wortes fundamentaler Bass muss irgendwann die Chance zu seinem Solo bekommen, während ihm die anderen gespannt lauschen. Der allgemeine Fokus ist dann auf den Inhalt und den Solisten gerichtet.

◆ Alle müssen auf die entstehende individuelle *Dynamik* des Prozesses achten. Das kann dazu führen, dass der Klavierspieler möglicherweise sein Solo verkürzt oder vielleicht ganz darauf verzichtet, wenn er spürt, dass er im Augenblick keinen wertvollen Beitrag leisten kann. Diese Möglichkeit befreit den Einzelnen vom Druck eines konstant erforderlichen Inputs.

◆ Die *Zeichen* und *Signale*, also die *Spielregeln*, können je nach Inhalt und Team ausgehandelt werden, sie müssen jedoch verständlich und allgemein akzeptiert sein.

◆ *Exzentrik* ist willkommen und sogar wichtig, solange sie die obigen Regeln nicht konterkariert. Selbst der tonangebende Teilnehmer muss sich gelegentlich völlig zurücknehmen, um anderen Spielern eine Chance zu geben.

◆ Jedes Solo fordert die *Wahrnehmungsbereitschaft* der anderen ein, denn es verändert den gemeinschaftlichen Prozess und führt ihn auf eine neue Entwicklungsstufe. Einem Teilnehmer, beispielsweise dem Pianisten, obliegt dann die Funktion, eine rhythmisch und tonal exzessiv den Rahmen sprengende Darbietung wieder auf den Boden der Tatsachen zurückzuholen.

- Das *Feedback* muss offen, ehrlich und unmittelbar gegeben werden. Nur so schafft man Realitätsbezug, Orientierung und Berechenbarkeit.
- Jedes Solo bedeutet *Macht*. Diese wird für eine überschaubare Zeitspanne übertragen. Individuelle Soli sind essenziell, müssen aber aus einem gemeinschaftlichen Kontext hervorgehen.
- Alles ist relativ, nichts in Beton gegossen. Dieses Bewusstsein braucht *Flexibilität*. Eine angemessene Entscheidungsfindung muss die wechselnden Umstände in einer sich stetig verändernden Welt widerspiegeln. Dann wird sie zu einer Qualitätskontrolle im Voraus.

Die Motivation, sich als Künstler oder Manager diesen Regeln zu verpflichten, erwächst aus der Erfahrung des Einzelnen, dass ihn dieses improvisatorische Miteinander nicht in einem langweiligen Konsensbrei gesichtslos untergehen lässt, sondern dadurch sein individuelles Leistungsvermögen und damit auch sein Wert gesteigert werden. In der Musik geht es auch ganz pragmatisch darum, dass die Zuhörer eine Top-Performance erleben wollen, für die sie bezahlt haben.

Der moralische Kontext

Stellen Sie sich einen Trompeter vor, der kein Ende in seinem Solo findet und alles in Grund und Boden bläst. Es geht also letztlich darum, dass jeder einzelne Musiker ein realistisches Gefühl dafür entwickelt, wann er mit seinem persönlichen Input zu einem Ende kommen muss, um die anderen nicht ausgegrenzt und frustriert zurückzulassen.

Niemals gibt es beim Improvisieren einen Maulkorb, nicht einmal einen heimlichen, nach dem sich alle richten. Die freie, individuelle Meinungsäußerung gilt als höchstes Grundprinzip. Trotz des Bestrebens, diese Freiheit in geordnete Bahnen zu lenken, haben die Kniffe und Regeln der Improvisationskunst nie den Charakter von Verboten und Disziplinierungsmaßnahmen. Denn die vordefinierten Regeln treten erst in Kraft, wenn eine Person mittels eines Winks dazu aufruft. Das Zusammenspiel funktioniert auf Basis einer spielerischen, lustvollen Auseinandersetzung.

Der Zusammenklang entsteht aus kreativer Reibung und nicht aufgrund eines Harmoniezwangs. Dass die starke Meinung eines Einzelnen zwar wichtig und interessant ist, jedoch erst unterschiedliche Blickwinkel ein Gesamtbild schaffen, ist improvisierenden Musikern bewusst.

Somit bleibt die Frage, was passiert, wenn eine Trompete ihr Solo nicht mehr beenden würde, weil sie spürt, dass sie in Hochform ist und von einer ungeahnten Fülle kreativer Ideen zu einer faszinierenden Darbietung angetrieben wird.

Nun, dafür gibt es eben keine klaren Regeln mehr, sondern nur unser individuelles Verantwortungsbewusstsein. An diesem Punkt kommt eine moralische Kategorie ins Spiel, die letztlich über das Funktionieren des Gesamten entscheidet. Ganz im Sinne des kategorischen Imperativs, dem von Immanuel Kant formulierten unbedingten ethischen Gesetz: »Handle so, dass du die Menschheit sowohl in deiner Person als in der Person eines jeden anderen jederzeit zugleich als Zweck, niemals bloß als Mittel brauchst.«

In der Wirtschaft beteuert man oft, die Kolleginnen und Kollegen hätten jederzeit durchaus die Chance gehabt, sich mit ihren Ansichten einzubringen. Rein zeitlich betrachtet ist das meistens sehr wohl richtig. Die wesentliche Voraussetzung, die ich im vorigen Kapitel aufgeführt habe, wird jedoch oft vernachlässigt: Eine persönliche Äußerung einer Kollegin oder eines Kollegen braucht einen fruchtbaren Boden, der sich nicht nur im normierten Angebot eines Zeitfensters äußert, sondern in der von allen Seiten ehrlich empfundenen Gewissheit, dass ein Solo tatsächlich als wertvoller Beitrag gehört wird. Selbst die besten Jazzmusiker der Welt scheitern innerhalb von Sekunden, wenn sie nicht in einem wahrnehmungsfähigen Umfeld agieren.

In Unternehmen werden inzwischen unzählige Standards und Normen installiert, die letztlich genau diese Werte zum Ziel haben. Aber meistens werden damit pflichtbewusst und seelenlos Aktionen abgearbeitet, die der Gewissensberuhigung dienen. Was letztlich fehlt, ist der Wille des Saxophonisten, tatsächlich auf den Rhythmus und die Tonartänderung des Pianisten zu hören und zu reagieren.

Die Kunst der Improvisation ist letztlich das gelungene gesellschaftliche Miteinander, ob in der Musik oder in der Wirtschaft oder anderen Bereichen des Lebens.

Innere Dynamik statt Überraschungscoup

Oft fragen mich Zuhörer einer Jam-Session, ob hier tatsächlich so ein intensiver Austausch zwischen den Musikern stattfinde, da sie doch eher so wirken, als würden sie völlig introvertiert und mit geschlossenen Augen allein vor sich hinspielen, ohne Rücksicht auf Verluste. Es stimmt, dass ihre Wachheit keine augenscheinliche ist, sondern vielmehr eine völlige Durchlässigkeit der Sinne: Ein winziges Geblinzel aus halb geschlossenen Augen oder eine kurze Körperdrehung in Richtung des Empfängers reichen völlig aus, um die eigenen Intentionen zu artikulieren. Es braucht ein offenes Ohr, das jede Nuance nicht nur erhört, sondern bereits Bruchteile von Sekunden vorher erahnt. Das ist nur möglich, weil die Musiker sich gut kennen, gegenseitig schätzen und sich vertrauen.

Überraschende Wendungen sind erwünscht, aber sie müssen

sich ankündigen, sie dürfen die Mitspieler nicht überrumpeln und verwirren. Stets bleiben die subtilen gegenseitigen Signale erhalten, selbst wenn sich daraus eine dynamische Entwicklung ergibt, bei der sich Reihenfolge und zeitlicher Ablauf ändern.

Jede Entscheidungsfindung hat logischerweise mehr Substanz, wenn sie möglichst viele Elemente berücksichtigt. Gleichzeitig müssen alle optischen und akustischen Signale, die Veränderungen auslösen, nicht nur verständlich, sondern vor allem allgemein akzeptiert sein. Die Mitspieler müssen die Möglichkeit haben, sich auf eine veränderte Situation einzustellen und vorzubereiten.

Nichts ist destruktiver für ein Jazzensemble als ein Musiker, der übergangslos einen Überraschungscoup landet, selbst wenn dieser inhaltlich wertvoll ist. Wenn sich nämlich alle nach diesem Prinzip einbringen, bricht das Team innerhalb kurzer Zeit auseinander. Die Mitspieler müssen sich gegenseitig abholen, wie man zeitgeistig so schön sagt. Ein improvisierender Musiker muss genau darauf bedacht sein, dem richtigen Mitspieler sein Zeichen zukommen zu lassen. Wenn er beispielsweise eine neue Tonart einführt, kann dem Schlagzeuger die Tonart völlig egal sein, aber der Pianist muss eingeweiht werden. Und wenn dies geschehen ist, sind selbst egozentrische Exzesse möglich, vorausgesetzt, diese finden beizeiten auch wieder ein Ende und dominieren nicht das gesamte Konzert.

Wenn sich ausschließlich die Führungsebene zu Meetings trifft, werden Überraschungscoups von Einzelnen bisweilen als kreative Innovationen und Visionen gerühmt, selbst wenn sie nur ein Machtmittel zur Durchsetzung von Interessen sind. Naturgemäß werden Mitarbeiter untergeordneter Hierarchieebenen immer Überraschungen erleben, es wird stets diese Fallhöhe zwischen Entscheidern und Umsetzern geben.

Innerhalb eines gleichberechtigten Gremiums sollte der Überraschungsstil jedoch nicht zur Regel werden. Sonst wissen die

Mitglieder, dass in Wahrheit nicht ihre Meinung gefragt ist, sondern diese Überrumpelung nur den Zweck hat, eine bereits getroffene Entscheidung von ihnen absegnen zu lassen. Vergleichbar mit einem Pianisten, der gegen die Vereinbarung plötzlich ein anderes Stück anstimmt, woraufhin den anderen nichts anderes übrig bleibt, als perplex eine leise Untermalung des Unerwarteten zu versuchen, um nicht das Konzert gleich ganz abbrechen zu müssen, was ja dem Zuhörer das Scheitern offenbaren würde.

Überraschungscoups dieser Art laden nicht zur Improvisation ein, sondern sie installieren Interessen auf Basis eines hierarchischen Machtprinzips.

Beim Improvisieren ist das Ziel in seiner endgültigen und vorhersehbaren Gestalt keinesfalls vordefiniert, sondern nur die Forderung, ein solches nach einer gemeinsamen Entwicklung miteinander zu erreichen. Die Balance von individueller Freiheit und klaren Regeln manifestiert sich in leicht anmutender, spielerischer Eleganz. Dabei haben sich die Teilnehmer ganz und gar einer inhaltlichen Arbeit verschrieben. Dieser Fokus auf den Inhalt fördert das Bestreben aller am Prozess Beteiligten, sich gegenseitig stets mit neuen Argumenten zu überraschen und zu inspirieren, jedoch innerhalb eines berechenbaren Verhaltens.

Unter den Gesichtspunkten der Improvisationskunst betrachtet, sind die meisten Meetings in der Wirtschaftswelt völlig sinnlos. Der Grundfehler besteht darin, dass von vornherein klar ist, wie sie ausgehen müssen, anstatt eine dynamische Entwicklung der Meinungsbildung zuzulassen. Die Teilnehmer sind oft nur Statisten, mit der Funktion, das vorgefertigte Resultat abzusegnen. Das scheinbar harmonische Miteinander ist nur möglich, weil sich jeder selbstdiszipliniert, indem er sich einen Maulkorb der politischen Korrektheit verpasst. Nicht eine lebendige gegenseitige Inspiration ist gefragt, sondern das nüchterne Abarbeiten von unverrückbaren Standards.

Improvisation braucht Realitätsbezug

Nicht nur kommunikative und zwischenmenschliche Prozesse, sondern vor allem äußere Umstände und außergewöhnliche Situationen erfordern die Kunst der Improvisation. In diesem Falle ist Reaktionsfähigkeit gefragt.

Als ich in den neunziger Jahren eine CD in Moskau produzierte, war das gesamte Team begeistert vom Klang des Orchesters im großen Saal des Tschaikowsky-Konservatoriums. Die Aufnahme wurde weltweit für ihren schönen und differenzierten Klang gerühmt. Als wir ein Jahr später mit dem gleichen Produktions-Team zurückkamen, um eine weitere Aufnahme zu produzieren, erlebten wir eine Überraschung: Es klang lange nicht so gut wie beim ersten Mal.

Die Aufnahme fand im selben Saal statt, Orchester und Dirigent waren ebenfalls dieselben. Außerdem ist es üblich, dass am Ende einer Produktion vor dem Abbau der gesamten Technik die präzise Position aller Mikrofone ausgemessen und notiert wird. Somit deutete alles auf einen Mess- oder Schreibfehler hin.

Die Zeit drängte, die Künstler warteten ungeduldig, dennoch ließ sich kein Fehler im technischen Prozess aufspüren. Alle Parameter wurden mehrfach gecheckt, ohne Ergebnis. Die Mikrofone hingen millimetergenau an gleicher Stelle, alles stimmte, nur das Klangbild nicht.

Langsam griff Ratlosigkeit um sich, bis mich ein russischer Musiker mit dem Hinweis trösten wollte, dass auch seine Geige fürchterlich klingen würde, in dieser trockenen Luft des Saales, welcher bei dieser extremen Kälte von minus 30 Grad seit Monaten aus vollen Rohren geheizt wurde.

Wir erinnerten uns, dass die erste Aufnahme im Moskauer Sommer bei plus 35 Grad Celsius stattgefunden hatte. Unsere darauf folgenden Messungen ergaben, dass das Klangproblem durch den großen Unterschied der Luftfeuchtigkeit bedingt war. Die Raumluft war staubtrocken, ebenso der Parkettboden und die

Holzverkleidungen des Saales. Auch die Instrumente der Musikerinnen und Musiker enthielten keinerlei Feuchtigkeit mehr, die so eminent wichtig ist, damit sich die Schwingungen eines Tones harmonisch fortsetzen.

Jeder Instrumentalist weiß: Ohne Feuchtigkeit im Holz seines Instruments kein schöner Klang. Darum gibt es kleine Luftbefeuchter für Instrumentenkästen, und für Streichinstrumente kann man dünne Schläuche kaufen, die man durch die »f-Löcher« in den Instrumentenkörper einführt, nachdem man sie zuvor in destilliertes Wasser gelegt hat.

Es war der Faktor Trockenheit, der sich in Moskau zu diesem Klangproblem potenziert hatte. Jetzt war also ein schnelles Reagieren und Improvisieren gefordert. Der Spielraum, das gesamte Konzept umzuwerfen, war aus Zeit- und Kostengründen nicht vorhanden. Wir mussten mit Strategien wie künstlichem Hall und veränderten Hauptmikrofonen improvisieren, um die Produktion zu retten, was mit dem Einsatz des gesamten Teams erstklassig gelang.

Wir waren ein eingespieltes Team und empfanden uns in diesem Moment wie Jazzmusiker bei einer Jam-Session. Innerhalb kürzester Zeit wurde wahrgenommen, entschieden, umgesetzt, jeder eigenständig auf seiner Position im Abstimmung mit den anderen. Nach einer halben Stunde konnte die Aufnahme beginnen.

Ehrlich gesagt waren es gerade die Momente des spielerischen, improvisierenden Miteinanders unter enormen Druck, die mich bei meinen fast 200 Produktionen am meisten gereizt haben. Hier zeigte sich schonungslos und unerbittlich, ob ein Team gut eingespielt war.

Wenn plötzlich ein Mitarbeiter mit Hadern, Zaudern und Lamentieren begann, habe ich mich ausschließlich auf die anderen verlassen und ihn bis zur Lösung des Problems ausgegrenzt. Die typischen Aussagen einer solchen Mentalität wie beispielsweise: »Das geht so alles nicht! Das schaffen wir niemals! Dafür bräuchten wir mindestens einen ganzen Tag!«, sind eben nicht ein realitätsbezogenes Feedback im Sinne einer lebendigen Improvisationskunst, sonder schlicht die Verweigerung, unter schwierigen Bedingungen überhaupt auf die Bühne zu gehen.

Wenn Musiker improvisieren, wird nicht die Gegenwart mühsam einem vorgefertigten Konzept aufgezwungen und angepasst, sondern umgekehrt wird aufgrund einer wachen und konzentrierten Reaktionsfähigkeit aller Beteiligten unmittelbar auf das sich entfaltende »Hier und Jetzt« flexibel reagiert. Erst dadurch lernen sie Chancen und Risiken besser einzuschätzen und gewonnene Einsichten abzuwägen. Denn so sehr wir frühzeitig Sicherheit und Berechenbarkeit anstreben, unterliegt doch alles fortwährend dem Wandel, dem man sich mit den Techniken der Improvisation anpassen muss.

Musiker wissen, wenn ein Auftritt vorbei ist, ist er vorbei, auch wenn sie mit dem Ergebnis unzufrieden sind. Das gegenseitige Feedback muss in erster Linie unmittelbar während des Spielens gegeben werden. Sie können nicht im Konzert verschlossen sein, danach aber die deswegen entstandenen Probleme offen diskutieren wollen. Das Konzert ist vorbei, aber morgen gibt es ein neues. Nach dem Spiel ist vor dem Spiel. Daher macht es viel mehr Sinn, den vom Konzert abgeleiteten Korrekturbedarf ausschließlich in Bezug auf die künftigen Auftritte zu besprechen, als über verpasste Chancen zu lamentieren.

Ein Erlebnis aus meiner Zeit in der Musikindustrie wird mir in diesem Zusammenhang unvergesslich bleiben.

Eine sehr teure und komplizierte Produktion mit dem Chicago Symphony Orchestra war erfolgreich beendet, die Schlacht war geschlagen. Die tonnenschwere Technik wurde abgebaut, auf Lastwagen verladen und mit Lufthansa Cargo zurück nach Deutschland geflogen. Einige Zeit später lud ich zu einem Umtrunk, um auf diese aufwendige Produktion anzustoßen. Als wir alle in bester Laune waren, kam ein junger Praktikant, der in Chicago dabei war, auf mich zu. Mit schlauer, wissender Miene und in selbstbewusster Manier fragte er mich, ob ich mich an den dritten Aufnahmetag in Chicago erinnern könne. Denn er hätte dort etwas bemerkt, was er mir unbedingt sagen müsse. Er sei sich nicht ganz sicher, ob sich im 3. Satz der Sinfonie, und zwar im Takt 238, die zweite Oboe nicht vielleicht bei einem Ton verspielt hätte.

Sein verspätetes Feedback war nichts als eine perfide Profilneurose im Gewand von vorgetäuschtem Engagement. Einen produktiven Beitrag wollte er offensichtlich damit nicht leisten. Denn hätte er das Bedürfnis gehabt, seine Ungewissheit unmittelbar während der Aufnahme anzubringen, wäre es die Sache von einer Minute gewesen, den Ton der Oboe schnell zu überprüfen und gegebenenfalls zu korrigieren.

Ich antwortete ihm kurz, dass dies seine allerletzte Teilnahme an einer Produktion gewesen sei. Punkt. Dann wandte ich mich wieder den kompetenten Mitspielern zu, die die Kunst der Improvisation unter Druck und schwierigen Umständen beherrschten.

In Unternehmen würde viel Innovationspotenzial freigesetzt werden, wenn man der Kunst der Improvisation mehr Raum geben würde. Beispielsweise soll man im Vorfeld von Meetings nicht das Endergebnis, sondern den *Rhythmus* und die *Tonart*, innerhalb der sich alle bewegen, festlegen. Außerdem müssen *Spielregeln* wie die *Dauer* des Prozesses vereinbart werden, um endlose Solonummern Einzelner zu verhindern. Gleichzeitig befördert eine *Balance* von individuellen und gemeinschaftlichen Interessen das Engagement aller Beteiligten. *Exzentrik* muss als Ausdruck von Individualität verstanden werden und zeitweise möglich sein, aber das muss für alle gelten. Ein machtvolles *Solo* muss unbedingt im Kontext der gemeinschaftlichen Zielsetzung erfolgen, dann wird es energetisch den Gesamtprozess befruchten. Das *Feedback* soll nicht in nachträglichen Vier-Augen-Gesprächen erfolgen, sondern unmittelbar und vor versammelter Mannschaft. Alle müssen stets im Bewusstsein agieren, dass sich die Umstände täglich verändern und daher *Flexibilität* unabdingbar ist, ohne deswegen in Beliebigkeit abzudriften. Klar verständliche *Zeichen* und *Signale* dienen als Wegweiser bei notwendigen Veränderungen.

Dieses Handwerkszeug der Improvisationskunst ermöglicht es, auf Herausforderungen angemessen und kreativ zu reagieren.

Handeln

Umsetzungshürden

Bei zögerlichem Handeln und mangelndem Engagement von Mitarbeiterinnen und Mitarbeitern wird sofort der Schluss gezogen, dass irgendetwas mit deren Motivation nicht in Ordnung sei. Gerne schickt man diese Damen und Herren in Seminare und Motivationskurse, um den festgestellten Mangel mit bestem Wissen und Gewissen auszugleichen. Dabei wird nicht berücksichtigt, dass Motivation kein selbstverständlicher Naturzustand ist, den es, im Falle eines Ausfalls, wieder herzustellen gilt.

Die Motivationsfrage ist vielschichtiger, als man üblicherweise denkt.

Verantwortungsdruck und damit verbundene Ängste können die Ursache für eine schlechte Arbeitsmoral sein. Ebenso ist manchmal das diffuse und lähmende Unbehagen nicht genau zu wissen, warum und wofür man seine Arbeit tut, der Auslöser für eine destruktive Einstellung. Man muss endlich anerkennen, dass selbst die kleinste Nebenrolle in einem Stück motivieren und dem Selbstwertgefühl dienen wird, wenn es gelingt, sie in einen klaren Bezug zur Gesamtaufführung zu bringen.

Keine Motivation ohne Information

Immer wieder müssen Orchestermusiker erleben, dass sich ein drittklassiger Dirigent in den Proben auf die dominanten und wohlklingenden Stimmen konzentriert, und zwar besonders gern auf diejenigen, die ihm entsprechen und gefallen. Meistens bevorzugt ein solcher Typ Instrumente, die er rein zufällig selbst beherrscht, ohne auf die Erfordernisse der Partitur zu achten. Ein vertrautes Instrument gibt ihm Sicherheit, mit diesen Musikern kann er sich kumpelhaft auf Augenhöhe austauschen, seine diesbezügliche Kompetenz steht außer Frage. Seine Arbeit erfasst jedoch nur einen Ausschnitt des Gesamten, auch wenn er diesem unverhältnismäßig viel Zeit gönnt. Die jeweiligen Musiker haben natürlich nichts dagegen, endlich können sie sich austoben mit einer Führungskraft, die ihre Probleme versteht. Obwohl sie alle selbstverständlich wissen, dass ihre Freude nur von kurzer Dauer sein wird, weil das komplexe Werk am Ende die Einbeziehung aller Bereiche des Orchesters erfordert.

Mit einer solch eindimensionalen Arbeitsweise vernachlässigt ein Dirigent nicht nur einzelne Instrumente, sondern ganze Abteilungen. Während also manche Stimmen unter seinen engagierten Händen erblühen, sitzt die Mehrheit gelangweilt herum. Es wäre nun mehr als ungerecht zu behaupten, dass es den zu Statisten degradierten Mitspielern an Motivation mangeln würde. Nein, der Chef hat sie schlicht ihrer Funktion beraubt.

Vollkommen bizarr wird es, wenn der Dirigent nach stundenlanger einseitiger Arbeit plötzlich registriert, dass die Mehrheit der Spieler überhaupt nicht bei der Sache ist, und er ihnen vorwurfsvoll zuruft: »Was erlauben Sie sich? Bleiben Sie doch motiviert! Wir sind ein Team!«

Das Ausmaß dieses Dramas zeigt sich leider erst im Konzert. Es gehört zum orchestralen Basiswissen, dass die dominierenden Stimmen erst zur vollen Geltung kommen, wenn die Mittel- und Nebenstimmen perfekt ausbalanciert sind. Ein erstklassiger Dirigent zeichnet sich dadurch aus, dass er sich bei der Probenarbeit in erster Linie auf die Hintergrundklänge konzentriert und deren thematische Bezüge und Strukturen versiert herausarbeitet. Die Hauptstimmen entwickeln sich oft »von selbst«, wie man im Orchester sagt. Sie sind so deutlich zu vernehmen, ihr Feedback ist so unmittelbar, dass diese Musiker ohne großes Zutun zu Änderungen und Nachjustierungen gezwungen werden. Daher benötigen die Hauptstimmen meistens keine explizite Unterstützung; ihre Rolle entwickelt und definiert sich auf eine natürliche Weise, vorausgesetzt das Fundament der fein ausbalancierten Nebenstimmen wird nicht vernachlässigt.

Daher wird kein guter Dirigent die Piccolo-Flöte im Ungewissen lassen bezüglich seines Konzepts der Umsetzung, weil sie vielleicht im Stück nur selten vorkommt. Auch wenn sie nur wenige Töne zu spielen hat, muss sie präzise verstehen, in welchem Zusammenhang diese umgesetzt werden müssen. Nur auf diese Weise kann sie einen wertvollen Beitrag leisten und sich innerhalb des Gesamtprozesses behaupten und als sinnvoll begreifen.

Es ist eine Katastrophe, wie sehr alle heute unentwegt von Motivation reden, aber die Grundvoraussetzung, nämlich Information verwehren.

Man könnte sich alle Motivationsseminare sparen, wenn man einen offeneren und durchlässigeren Kommunikations- und Informationsstil pflegen würde.

Vorgesetzte haben die Verpflichtung, ihre Mitarbeiterinnen und Mitarbeiter stets darüber in Kenntnis zu setzen, welche Rolle sie innerhalb einer Zielvorstellung erfüllen. Das strategische Hilfsmittel der Nicht- oder sogar Desinformation darf nur in Ausnahmefällen eingesetzt werden und keinesfalls als prinzipielle Führungsstrategie im Dienste der Machtstabilisierung eines Managers. Damit höhlt man die Motivationsbereitschaft der Mitarbeiterinnen und Mitarbeiter aus.

Es sollte kein Zweifel darüber bestehen, dass sich jeder Mensch nachhaltig nur durch eine klare Aufgabe motiviert fühlt. Kurzfristig können blutleere Schlagworte eine gewisse Euphorisierung auslösen, aber diese verpufft sehr schnell wieder und hat langfristig keine Wirkung.

Motivation kann niemals von vornherein, quasi »a priori«, ohne Ziele und Inhalte als Voraussetzung im Arbeitsalltag eingefordert werden.

Ehrliches Lob ist sicherlich motivierend, aber eben erst nach getaner Arbeit. Und um diese überhaupt leisten zu können, sind am Beginn des Prozesses seitens der Führungskraft nicht marktschreierische Appelle, Bekräftigungen und Schlachtrufe gefragt, deren Wirkung nach wenigen Minuten schwindet, sondern die klare, nüchterne Zuteilung von Arbeitsinhalten und Aufgaben.

Wenn Mitarbeiterinnen und Mitarbeiter nicht nur ihre Funktion innerhalb der Struktur, in die sie eingebunden sind, nachvollziehen können, sondern auch die damit verbundenen Aufgaben, benötigt ihr Vorgesetzter keine Tricks und Kunstgriffe mehr, um ihnen ihre Rolle schmackhaft zu machen. Sie müssen dann nicht mehr von außen künstlich motiviert werden. Wenn sie die Sache selbst interessiert und sie sich ihrer Rolle im Gesamtprozess bewusst sind, werden sie im Normalfall automatisch motiviert sein.

Allerdings müssen die Rollen ineinandergreifen, und um dies zu gewährleisten, werden Organigramme ausgetüftelt. Bisweilen sorgen diese eher für eine funktionseinschränkende Struktur, wie das nächste Kapitel beweist.

Künstliche Organigramme behindern

Die Sitzordnung ist im Orchester nicht so fixiert, wie viele glauben, und auch nicht überall gleich. Es finden heiße musikwissenschaftliche Diskussionen darüber statt, wo beispielsweise die 2. Geigen, die Bratschen oder Celli im Orchester am besten sitzen sollten.

Manche Dirigenten bevorzugen bei den Streichern, aus der Publikumsperspektive von links angefangen: 1. Violinen, 2. Violinen, Bratschen, Celli und hinter diesen die Kontrabässe. Das ist die sogenannte amerikanische Anordnung, die in einer absteigenden Reihe von den hohen zu den tiefen Instrumenten führt.

Andere möchten die 2. Violinen als eigenständige Gegenstimme zu den 1. Violinen herausarbeiten und platzieren sie daher ganz rechts außen, also genau gegenüber den 1. Violinen. Diese Aufstellung hat in Deutschland Tradition und somit eine historische Berechtigung, aber meiner Ansicht nach den akustischen Nachteil, dass die Instrumente der 1. Violinen dem Saal zugewandt erklingen, während die 2. Violinen andersherum sitzen und daher in Gegenrichtung, also zur Bühnenrückwand, spielen. Deswegen sind sie bedeutend weniger gut hörbar und verlieren daher meistens das angestrebte gleichwertige Wechselspiel mit den 1. Geigen.

Manchmal sitzt auch die Cellogruppe halblinks direkt neben den 1. Violinen, oder halbrechts. In diesem Fall nehmen die Bratschen den Platz rechts außen ein.

Die Kontrabässe werden manchmal links hinter den 1. Geigen positioniert, damit im Klangbild nicht alle tiefen Streicherklänge rechtslastig sind. Bei den Wiener Philharmonikern stehen die Bässe hinter dem Orchester oben in der Mitte, was im Wiener Musikvereinssaal akustisch Sinn macht und gleichzeitig dem geringen Platzangebot auf dem Podium geschuldet ist.

Ebenso ändern Hörner, Trompeten, Posaunen und Pauke ihre Position, je nach Stück oder dem individuellen Klangkonzept des Dirigenten.

Egal welche Aufstellung gewählt wird, sie hat einen unmittelbaren Einfluss auf den Arbeitsprozess und das Klangbild des Orchesters. In manchen Sälen kann eine spezielle Aufstellung konzeptionell sinnvoll sein, dennoch kann sie die Musikerinnen und Musiker vor große Probleme in Bezug auf eine reibungslose Zusammenarbeit stellen.

Das beste nach strategischen Gesichtspunkten ausgearbeitete Ordnungskonzept ist zwecklos, wenn es im Alltag zur Umsetzungshürde wird. Auf Reisen muss ein Orchester stets eine Feinjustierung der Sitzordnung vornehmen, damit die Arbeitsabläufe funktionieren. Das heißt: Die räumlichen Gegebenheiten sind der Maßstab für das jeweilige orchestrale Organigramm.

Wenn eine Instrumentengruppe Schwierigkeiten hat, die anderen perfekt zu hören, und sich deswegen im Abseits wähnt, so werden die Sitzpositionen geändert, bis die ideale Ordnung gefunden ist. Wenn die Hörner beispielsweise endlich auf dem für sie optimalen Platz sitzen, kann es passieren, dass die Trompeten plötzlich keinen Kontakt mehr zu ihnen haben, und das Spiel beginnt von vorn, bis eine allgemeine Lösung gefunden ist.

Erfahrungsgemäß kann es nervenaufreibend lange dauern, bis das allgemeine Stühlerücken im Orchester ein Ende hat und die Probe endlich beginnen kann.

Führungskräfte basteln mit Vorliebe zur Ablenkung von ihren wahren Aufgaben an neuen Organigrammen herum, besonders wenn ihnen ihre Arbeit über den Kopf wächst. Organigramme, die unter solchen Bedingungen entstehen, symbolisieren in den meisten Fällen den unerfüllten Wunsch nach Überblick, und dadurch werden sie zum Selbstzweck, für den das Bedürfnis nach Sicherheit und Berechenbarkeit die Triebfeder ist.

Im Sinne des Dreiklangs von »Wahrnehmen – Entscheiden – Handeln« betrachtet, fehlt bei der Ausarbeitung von Organigrammen nicht selten der erste Ton, nämlich der Wille zur Wahrnehmung der orchestralen beziehungsweise betrieblichen Realität. Anstatt einzubeziehen, welche Bereiche auf ihre interaktive Nähe im Arbeitsalltag angewiesen sind, findet sich plötzlich eine Abteilung in einem anderen Stockwerk wieder und muss nun via E-Mail kommunizieren, was eigentlich den direkten persönlichen Dialog benötigt. Selbst wenn die Abteilung von der rein strategischen Zuordnung zu ihrem neuen Umfeld gehört, hemmen solche Umstrukturierungen mehr die Arbeitsabläufe, als dass sie diese unterstützen.

Die erprobten Abstimmungsprozesse zwischen Abteilungen und Bereichen, die auch künftig erforderlich sind, dürfen räumlich nicht erschwert oder gar unterbrochen werden. Schemata und Theorien dominieren manche Organigramme, die realistische Miteinbeziehung von Inhalten und Aufgaben kommt zu kurz.

Eine kompakte Visualisierung der Struktur ist sicherlich erforderlich, dennoch habe ich erlebt, dass die Erstellung eines Organigramms sich fast zu einem Gesellschaftsspiel für Führungskräfte entwickelt hat. Immer wenn Manager den Überblick über ihren Verantwortungsbereich verlieren, widmen sie sich dieser Art Beschäftigungstherapie. Das wäre an sich nicht schädlich, solange die Mitarbeiter dadurch nicht in völlig unpassende Schubladen gepresst würden. Denn bei der Ausarbeitung solcher Unternehmensstrukturen werden am grünen Tisch Positionen verschoben, es wird artistisch mit Planstellen, Funktionen und Weisungsbeziehungen jongliert, bis das Resultat irgendwie nett und übersichtlich anzusehen ist.

Die optische Wirkung ist wichtiger als der Bezug zur realistischen Umsetzung. Die Mitarbeiter haben danach die undankbare Aufgabe, anhand solcher Organigramme mühevoll ihren komplexen Arbeitsalltag irgendwie dem neuen theoretischen Übersichtsblatt anzupassen. Eingespielte Mechanismen müssen plötzlich aufgelöst werden, funktionierende Strukturen, die im Arbeitsprozess geschaffen wurden und auf Erfahrung basieren, werden zerstört und von fiktiven Wunsch-Konstrukten ersetzt.

Wenn bei der Erstellung von Organigrammen die Inhalte und Aufgaben nicht zuallererst klar definiert und personenbezogen realistisch eingeschätzt werden, ist die Gefahr enorm, dass man nach einem Jahr voller Anpassungs- und Veränderungsprozesse, die durch ein neues Organigramm ausgelöst wurden, plötzlich wieder dort landet, wo man einmal angefangen hat.

Ein realistisches Organigramm sollte auch nicht dem fast schon neurotischen Aufräum- und Ordnungsdruck einer Führungskraft ausgesetzt sein, die es mit allen Mitteln so vereinfachen will, bis es übersichtlich auf eine Seite passt. Denn der nachhaltige Aufwand der Anpassung an die Realität kann ein Unternehmen langfristig blockieren oder sogar sabotieren.

Wenn die Devise lautet: zuerst das ausgetüftelte Konstrukt, dann die Umsetzung, darf sich niemand wundern, dass die Angestellten oft monatelang der Theorie hinterherhecheln.

Selbstmotivation ist aller Arbeit Anfang

Wenn die Voraussetzungen, die ich im vorigen Kapitel beschrieben habe, geschaffen, also Aufgaben und Inhalte definiert sind, dann steht der Einzelne mit seinem Engagement in der Pflicht.

Kürzlich arbeitete ich mit einem Orchester, bei dem sich die Musikerinnen und Musiker höchst engagiert zeigten und alle, wie man in dieser Branche sagt, beim Spielen »auf der Stuhlkante« saßen. Bis auf einen Geiger links außen, der mit offensichtlicher Unlust und Widerwillen seinen Job ausübte, was im Konzert aufgrund seiner exponierten Position fürs Publikum gut sichtbar gewesen wäre. Ich nutzte die erste Pause, um bei seiner Führungskraft sicherheitshalber nachzufragen, ob es diesem Geiger an diesem Tag ausnahmsweise einfach nur schlecht ginge. Aber der Konzertmeister verneinte und erklärte, dass ihm dieses Problem vertraut sei.

Falls mir die überwiegende Mehrheit eines Orchesters mit dieser Haltung begegnen würde, müsste ich mich selbstverständlich zuerst fragen, ob vielleicht mein Konzept unverständlich oder unwürdig ist, was nicht zwangsläufig der Grund sein muss. Es handelte sich jedoch nur um diesen einzelnen Geiger, der mich während der Probenarbeit mit seiner nachlässigen und entmutigenden Körpersprache so sehr irritierte, dass ich absichtlich versuchte, nicht in seine Richtung zu schauen. Das war allerdings schwierig, denn man kann als Dirigent die so wichtige Gruppe der ersten Violinen natürlich nicht ignorieren.

Irgendwann brach ich ab, sah ihn unvermittelt an und sagte: »Mein Herr, ich hoffe, bei Ihnen klingt es nicht so jämmerlich, wie es für alle aussieht!«

Diese Ansprache zeigte ihre Wirkung. Nachdem ich mit meiner Kritik seine Körpersprache in unmittelbaren Bezug zu seinem Können gesetzt hatte, bekam das Orchesterkomitee die Chance, diesen Geiger zu rügen und ihm gegenüber den nötigen Druck auszuüben, mit dem Effekt, dass er sich am nächsten Tag krankmeldete. Nun, das ist keine Dauerlösung, wie wir alle wissen, aber in diesem Moment war mir das sehr recht. Er war anscheinend bereits von der simplen Forderung abgeschreckt, dass er für sein Geld auch Leistung zu erbringen hatte. Sein Verhalten war letztlich ein unabsichtlicher Offenbarungseid, der ihn noch mehr ins Abseits drängte.

Ich bin ein erklärter Gegner der Annahme, dass man diesen Musiker mit höflichem Nachdruck in ein Motivations-Seminar hätte schicken sollen. Ebenso habe ich als seine Führungskraft nicht die Zeit, mit ihm ein persönliches Motivations-Gespräch innerhalb der offiziellen Probenzeit zu führen, während die andern untätig herumsitzen. Nichts dergleichen: keine Rechtfertigungen, keine Workshops, keine Bitten, keinerlei Einladungen. Es gilt unumstößlich nur eines: Selbstmotivation ist aller Arbeit Anfang. Vorausgesetzt, ich habe ihn nicht von vornherein vom Informationsfluss abgeschnitten.

Diese strikte Haltung verhindert, was im Falle des Geigers

ansonsten passieren würde: Selbst wenn neunundneunzig Musikerinnen und Musiker im Konzert alles geben und mit perfektem Einsatz spielen würden, die Augen von dreitausend Zuhörern wären einzig und allein auf diesen einen Geiger konzentriert. Gespannt und aufmerksam würden sie verfolgen, ob es dieser Geiger überhaupt noch bis zur Pause schafft oder er bereits im ersten Teil des Konzerts auf seinem Platz einschlafen und vom Stuhl fallen würde. Das Publikum wäre durch ihn abgelenkt und die Top-Performance des Orchesters hätte darunter enorm zu leiden.

Bei Mitarbeiterinnen und Mitarbeitern hat sich bisweilen der Irrglaube eingebürgert, allein ihre Vorgesetzten seien für ihre ausreichende Motivation zuständig, ohne dass sie selbst dazu viel beitragen müssten.

Manche gehen morgens zur Arbeit mit der Einstellung: »Mal sehen, wie geschickt sich meine Führungskraft heute anstellt, mich zu motivieren. Es wird ihr aber kaum gelingen!«

So polemisch das klingen mag, diese Haltung ist nicht so selten anzutreffen und die Konsequenz einer allzu einfühlsamen Personalpolitik und Unternehmenskultur der letzten Jahrzehnte. Fälschlicherweise dachte man, dass mit viel Engagement, Geschick und ausgeklügelten Versuchen letztlich alle irgendwie abgeholt und motiviert werden können. Zahlreiche Seminare und Workshops zu diesem Themenkomplex haben wohl unabsichtlich dazu beigetragen, dass die Motivation als eine geheimnisvolle Kraft angesehen wird, die von außen auf einen zukommt, und man nur bereitwillig darauf warten muss, sie mit offenem Herzen zu empfangen wie den Heiligen Geist.

Daher fühlen sich viele Führungskräfte heutzutage sofort schuldig, wenn sie unmotivierte Mitarbeiter haben. Um die Motivationsfrage richtig beurteilen zu können, ist sicherlich eine kurze Selbstprüfung gefordert:

- Habe ich das Konzept verständlich vermittelt?
- Habe ich alle strategischen Informationen gegeben?
- Kann der Einzelne seine Rolle im Gesamtprozess verstehen?
- Entsprechen die Aufgaben der jeweiligen Hierarchieebene?
- Stellen die Inhalte eine Herausforderung oder Überforderung dar?
- Gebe ich durch meine Arbeitsweise ein gutes Vorbild ab?

Wenn diese Faktoren positiv beantwortet werden können, dann liegt es einzig und allein an den Mitarbeiterinnen und Mitarbeitern, dafür zu sorgen, dass sie ausreichend motiviert sind. Dann können sich Manager und Personalabteilungen getrost die Workshops sparen.

Führungskräfte dürfen von ihren Mitarbeitern ruhigen Gewissens ein hohes Maß an Selbstmotivation einfordern. Diejenigen, die sich zurücklehnen und warten, bis andere sie dazu bewegen, in die Gänge zu kommen, verursachen nur sinnlose Kosten.

Der letzte Aspekt der obigen Selbstprüfung, die Vorbildfunktion der Führungskraft, erhält in diesem Zusammenhang allerdings eine neue Qualität. Zum Vorbild wird ein Manager keinesfalls dadurch, dass er verbalakrobatische oder schauspielerische Motivationsspielchen als Hochleistungssport betreibt, sondern indem er sich selbst inhaltlich auf die Materie konzentriert und engagiert.

Diese authentische Haltung eines Managers pflanzt sich innerhalb eines Unternehmens auf eine positive Art und Weise fast wie von selbst fort. Selbst destruktive Mitarbeiter können sich einer solchen Ausstrahlung kaum entziehen, ohne ihre negative Haltung öffentlich bloßzustellen, was sie automatisch isolieren würde.

Eine offene und inhaltlich orientierte Atmosphäre bei der Ausrichtung auf gemeinsame Ziele verbindet die Haupt- und Nebenstimmen eines Unternehmens. Dadurch werden die hierarchischen Strukturen in Bezug auf das unterschiedliche Maß an

Verantwortung und den damit verbundenen Druck deutlich, und nicht als eine bewertende Trennung in »oben« und »unten«.

In dieser Atmosphäre gegenseitiger Anerkennung ist es dann nicht mehr weltfremder Idealismus, dass ein Manager die Leistungen eines Arbeiters, der stundenlang an einer Maschine steht, ehrlich bewundert. Wenn dieser spürt, dass er wertvoll ist und für seine Tätigkeit Respekt erntet, wird er umgekehrt auch leichter den Druck und die Last der Verantwortung des Managers zu schätzen wissen.

Nur durch Verankerung in der Praxis kann Unternehmensethik eine sinnvolle Rolle spielen.

Der Schauspieler, der auf einer Theaterbühne nur einen einzigen Satz zu sprechen hat, mit dem er in der Rolle eines Soldaten das bedrohliche Nahen des feindlichen Königs ankündigt, weiß selbstbewusst, dass ohne seine winzige Rolle die gesamte Aufführung nicht funktioniert. Wenn er nicht den richtigen Ton trifft oder seine Worte unverständlich rezitiert, bricht der Spannungsbogen der gesamten Aufführung zusammen. Obwohl er nur für eine Minute auf der Bühne steht, begreift er sich als wichtigen Teil des Ganzen. Und der König, der die tragende Hauptrolle des Abends spielt, ist sich voll und ganz der Tatsache bewusst, dass er ohne die kleine Rolle des Soldaten seinen Auftritt nur schwerlich erfolgreich gestalten kann.

Wenn Marketing Innovationen verhindert

Komponisten haben ein gespaltenes Verhältnis zum Publikumsgeschmack. Einerseits wollen sie den Erfolg, andererseits lehnten und lehnen es gerade die Vorzüglichsten ab, sich allein der Vermarktbarkeit zu unterwerfen. Nur so können in der Kunst Entwicklung und Erneuerung stattfinden. Beethoven komponierte, wie auch viele andere Künstler, gegen die damaligen Hörgewohnheiten an. Auch wenn er kurzfristig enormen Widerstand erfahren musste, sein nachhaltiger Erfolg steht wohl außer Frage.

In meiner Zeit als Produzent in der Musikindustrie hatte ich bei neuen Ideen oft gegen heftige Widerstände aus der Marketingabteilung anzukämpfen, die mir mit Zahlen, Statistiken und Tabellen beweisen wollte, dass mein Konzept niemals funktionieren könne. Wenn ich beharrlich blieb, klappte es am Ende meistens doch. Es sei denn, die Marketingabteilung gewährte dem Produkt, bisweilen wohl aus Trotz gegen meine Standfestigkeit, ein so lächerliches Budget, dass selbst eine künstlerisch herausragende CD am Markt schlicht verhungerte, obwohl sie von der internationalen Kritik in höchsten Tönen gelobt wurde.

Ob solche Strategien tatsächlich dem Unternehmen im Sinne eines orchestralen Miteinanders dienen, darf bezweifelt werden. Für mich war es unverständlich, wie viel Macht und Einfluss das Marketing auf sich vereinte, ohne sich für die Inhalte zu interessieren. Unter dem Motto: »Was das Marketing nicht auf den ersten Blick nachvollziehen kann, versteht auch der Kunde nicht.«

Ein falsches Urteil, denn nicht nur ich habe zahlreiche Musik-CDs produziert, die das Marketing verhindern wollte, die aber dann große Erfolge wurden. Vielleicht gibt es Kunden, die mehr wissen und mehr von einer Sache verstehen als manche Marketingfachleute, die sich zwar enorm für die Kriterien der »Vermarktbarkeit« interessieren, ohne sich jedoch ernsthaft mit dem Inhalt auseinanderzusetzen, der für viele Kunden entscheidend ist.

Besonders heikel wird es, wenn für Produktionen mit geringer künstlerischer Qualität unerschöpfliche finanzielle Mittel aus dem Marketingbudget zur Verfügung stehen, weil eben andere Kriterien zählen wie beispielsweise der schöne Busen der jungen Pianistin. Die Frage ist, ob man auf diese Weise langfristig Kunden bindet und von musikalischer Qualität überzeugt. Wahrscheinlich wird man sich innerhalb des Unternehmens als Nächstes nicht für eine bessere Aufnahme engagieren, sondern sich auf die Suche nach einem noch schöneren Busen begeben.

In manchen Unternehmen definiert sich die Marketingabteilung machtvoll als allwissendes Zentrum und personifiziertes Kundengewissen und wird dadurch zur anerkannten Bastion des firmeninternen Widerstandes. Ungerechterweise ist dann oft auch das Produktmanagement heftiger Kritik ausgesetzt, obwohl es sich solide um Kunde und Produkt bemüht. Wenn die reine Marketingperspektive jedoch zum Dreh- und Angelpunkt aller unternehmerischen Entscheidungen wird, dann kann dies ein großer Hemmschuh für den Erhalt der Innovationsfähigkeit sein.

Damit möchte ich keinesfalls den Stellenwert eines guten Marketings in Frage stellen. Es darf nur nicht aus den Fugen geraten und plötzlich alle Unternehmensbereiche unterwandern.

Der Fokus auf die Kunden und deren Bedürfnisse ist einerseits selbstverständlich, damit ein Unternehmen am Markt überlebt. Andererseits kann dieser Ansatz gerade die visionären Ideen verhindern, die über die Zukunftsfähigkeit eines Unternehmens entscheiden.

Die alleinige Ausrichtung auf eine schnelle Befriedigung des augenblicklichen Kundengeschmacks hat fatale Auswirkungen: Man traut den Käufern kaum mehr zu, dass sie nach einer gewissen Anlaufzeit ein Produkt zu schätzen lernen, dafür dann vielleicht sogar langfristig. Die firmeninternen Leitbilder und Schablonen, mit denen berechnet und gemessen wird, was Erfolg ist und wie er sich innerhalb einer gewissen Zeitspanne einzustellen hat, verhindern oft erstklassige Produkte. Undurchschaubare Berechnungstabellen geben den Rahmen vor, die weder den Produkten gerecht werden noch dem Markt, auf dem sie sich durchsetzen müssen.

»Was nach drei bis sechs Monaten nicht funktioniert, funktioniert nie mehr«, ist eine der Standardfloskeln des Marketings, die sicherlich auf manche Branchen zutrifft. Aber diese Weisheit ist kein allgemeingültiges Gesetz und kann andere Branchen ins Verderben führen. Denn neue Produkte und technische Innovationen dürfen nicht über einen Kamm geschoren werden.

Im Marketing sollte der Mut zum Hypothetischen wieder an Wert gewinnen, verbunden mit dem Bewusstsein, dass es dann auch Irrtümer geben wird. Aber diese Irrtümer kosten insgesamt weniger Geld als das ängstliche Bestreben, ausschließlich den aktuellen Kundenwünschen nachjagen zu müssen.

Marketingabteilungen haben somit einen schwierigen Spagat zu meistern: Einerseits müssen sie stets am Puls der Zeit sein, andererseits müssen sie langfristige Entwicklungsmöglichkeiten aufspüren, und zwar sowohl im Markt als auch innerhalb des Unternehmens. Aber man konzentriert sich lieber auf das augenblicklich Berechenbare und überlässt die langfristige Perspektive externen Zukunftsforschern. Dadurch wird ein Unternehmen schnell zum Sklaven von Strömungen, die längst vorbeigezogen sind, wenn das passende Produkt endlich auf den Markt kommt.

Das Problem ist klar: Für Hypothesen gibt es keine präzisen Modellrechnungen. Und ohne Modellrechnung gibt es kein Budget für eine Idee. Daher fließt das Geld von Unternehmen oft nicht in Künftiges, sondern hauptsächlich in den Ist-Zustand, was langfristige Innovationen unterdrückt.

An Kreativen herrscht hierzulande kein Mangel, wie die Tatsache beweist, dass Deutschland beispielsweise bei Patentanmeldungen zu den führenden Ländern gehört. Aber leider werden immer noch zu viele Patente im Ausland umgesetzt. Denn ohne unternehmerischen Weitblick gibt es kein Geld, und ohne Geld keine Musik.

Wenn nicht »verrückte« Ideen und Konzepte der Motor der Entwicklung sind, sondern allein die kurzfristige Vermarktbarkeit der Produkte, gefährdet die Marketingperspektive nicht nur den Erfolg, sondern die gesamte Substanz des Unternehmens.

Entwickler und kreative Kräfte müssen sich frei entfalten können, ohne permanent zur Räson gerufen zu werden. Der stets eingeforderte Gegenwartsbezug verkennt, dass die augenblickliche Lage eine Momentaufnahme ist und sich schnell ändern, ja ins Gegenteil verkehren kann. Wir alle haben oft erfahren, dass plötzlich »in« ist, was gestern nicht einmal vorstellbar war.

Ich denke, das ist ein Grund, warum die personelle Fluktuation gerade im Marketingbereich so hoch ist. Denn Marketingmanager können ihre Strategie nur so lange mit Vehemenz vertreten, bis sie, manchmal bereits nach wenigen Monaten, von der Realität widerlegt werden.

Die Marketingstrategen werden jetzt vielleicht abwinken und denken, dass sie doch alles Innovative stets begrüßen, suchen und fördern. Ich stimme vollauf zu, dass das Marketing oft händeringend nach Neuem sucht, aber leider meistens nur innerhalb des bewährten Erfolgsschemas. Das Unbekannte oder Unerwartete wird leider allzu oft als unkalkulierbares Risiko eingestuft, da es dafür kein firmeninternes Beurteilungs- und Berechnungssystem gibt. Aus diesem Grunde fällt es meistens bereits in der Denkphase unter den Tisch.

Auch der Zeitfaktor ist oft problematisch, besonders die Frage, wann von kreativen Entwicklern der Realitätsbezug schonungslos eingefordert werden muss. Selbstverständlich kann man nicht enorme Summen ausgeben für eine Schnapsidee. Aber oft wird bereits das völlig kostenfreie und ausgiebige Vordenken verhindert, weil das irritierend innovative Potenzial die vorgefertigten Schablonen sprengt und deswegen nicht ausreichend geschätzt wird.

In anderen Ländern ist die Grenze, wann eine Idee für verrückt erklärt und zu den Akten gelegt wird, sehr viel weiter hinausgeschoben als in Deutschland. Hierzulande wird allein die Tatsache, dass eine Idee unbekannt ist, oft schon mit Skepsis und Misstrauen bedacht. Der heimtückische Standardsatz der Marketingabteilung: »Das funktioniert nicht am Markt«, soll anscheinend signalisieren, dass sie, ganz Gott gleich, alles weiß, ohne sich mit dem Neuen überhaupt ehrlich und ausgiebig auseinandergesetzt zu haben. Die Zeit, bis das unerbittliche Urteil gefällt wird, dass eine Idee es nicht wert ist, weiter verfolgt zu werden, ist oft entlarvend kurz, und das spricht Bände.

Vielleicht sollte man den Spieß einmal umdrehen und einer Führungskraft empfehlen, künftig äußerst skeptisch zu reagieren, wenn ihre Ideen und Konzepte allzu schnell den uneingeschränkten Beifall des Marketings bekommen. Das könnte ja der Beweis sein, dass den neuen Konzepten kein Innovationspotenzial innewohnt und sie nur den vorgefertigten Marketingmustern entsprechen. Manchmal scheint es tatsächlich so zu sein: Je stärker der Widerstand des Marketings, desto größer die Chance, dass es sich um echte Neuheiten handelt, die Zukunft ermöglichen.

Es zeigt sich, dass diejenigen Unternehmen erfolgreich am Markt agieren, in denen die Entwickler und Kreativen nicht als Erfüllungsgehilfen der Marketingabteilung betrachtet werden. Nachhaltige Marketingstrategien können sich nur im Wechselspiel mit den anderen Abteilungen entwickeln, ohne sie zu bevormunden. Diese Balance und Auseinandersetzung zwischen Innovationskraft und Kundenorientierung ist die Chance zum Erfolg.

Verantwortung, Druck, Ängste

Nach langwierigen Wahrnehmungs- und Entscheidungsprozessen wissen wir im Prinzip, was eine Sache erfordert und wie wir sie anpacken sollten. Eigenartigerweise handeln wir dennoch nicht zielstrebig und unmittelbar. Es sind meist unsere Ängste, die uns hemmen.

Druck und die Last der Verantwortung münden bisweilen in die Sorge, nicht korrigierbare Fehler zu machen. Besser abwarten, als sich blamieren, lautet dann die Devise. Viele Manager ziehen sich daher auf defensive Führungsmuster zurück, obwohl sie durchaus über visionäre Kraft und die Fähigkeit zum innovativen Handeln verfügen. Manager, die auf Nummer sicher gehen, verwalten das Potenzial eines Unternehmens, ohne es auszubauen.

Stress und die Kunst der Abgrenzung

Naturgemäß ist Druck der ständige Begleiter des Künstlertums. Bei einem Musiker baut sich die Spannung immer weiter auf, bis sie sich im Konzert entlädt. So unangenehm die Nervosität, so erlösend der Auftritt. Unmittelbar danach – wenn der Druck abgefallen ist – herrscht oft Leere. Aber dann stellt sich ein Gefühl der Befriedigung ein, das meistens leider nur den Abend über anhält. Das individuelle Erfolgsempfinden, die Genugtuung über den absolvierten Auftritt verblasst über Nacht, und am nächsten Morgen verspürt der Musiker schon wieder die Nervosität für den neuerlichen Auftritt, der vielleicht an einem anderen Ort stattfindet.

Einer künstlerischen Leistung wohnt keine bleibende Gültigkeit inne, sondern sie ist die Abbildung des jeweiligen Entwicklungsstands des Künstlers im Augenblick des Konzerts. Das ist der Grund, warum sich fast alle Musiker keine Aufnahmen ihrer Konzerte anhören wollen, weil sie sich dann immer nur wundern und ärgern, welche Umsetzung sie früher einmal vertreten und abgeliefert haben. Es ist eben nicht leicht zu akzeptieren, dass selbst präzise ausgetüftelte Konzepte dem permanenten Wandel unterliegen.

Da jede künstlerische Darbietung für die Einmaligkeit des Moments innerhalb einer kontinuierlichen Entwicklung steht, gelingt es Künstlern leichter, nach einem Konzert abzuschalten. Natürlich analysieren sie ihre Fehler und wenn es technische Probleme gab, werden sie diese Takte tags darauf eingehend üben, um sie zu verhindern. Diese Intensität des Künstlerlebens hat ihren Preis und erfordert eine geistige und körperliche Fitness. Gleichzeitig sind die starken Ausschläge nach oben und unten ein natürlicher, psychologisch und emotional klar fassbarer Prozess. Jeder Auftritt bildet eine Zäsur und wird somit zum Orientierungspunkt und Bewertungskriterium.

Ein Manager hat es viel schwerer, seinem Arbeitsalltag emotional befriedigende Ergebnisse abzutrotzen, da bei ihm der intensive Strom der Arbeit niemals abreißt und die Höhepunkte nur selten eindeutig zutage treten, ohne gleichzeitig sofort von Nebensächlichkeiten überlagert zu werden. Das Arbeitspensum ist gigantisch, Zäsuren bilden sich im Alltag nur selten und meistens sind sie virtueller Natur. Denn eine positive E-Mail, die einen Erfolg bestätigt, geht inmitten Hunderter Standard-Mails fast unter und hat für den Empfänger kaum eine sinnlich erfassbare Dimension.

Das Bestreben, eine Aufgabe zum Abschluss zu bringen und durchzuziehen, ist verständlich und zutiefst menschlich. Es liegt in unserer genetischen Veranlagung, am Ende eines anstrengenden Tages das Bedürfnis zu verspüren,

- das Tagwerk zu betrachten,
- zur Ruhe zu kommen,
- sich von der Arbeit abzuwenden,
- zufrieden nach Hause zu gehen.

Aber kein einziger Aspekt dieser so befriedigenden Vorstellung ist für Manager heutzutage am Abend eines normalen Arbeitstags erreichbar. Das Problem ist nicht der falsch tickende Mensch, sondern der Druck der modernen Arbeitswelt.

»Das Tagwerk betrachten« bedeutet, gleichzeitig Genugtuung zu empfinden. Ein Manager hat sicherlich an einem Tag sehr viel bewegt, dennoch ist der Abend keine Zäsur, denn die Intensitätswelle wogt weiter, ohne Rücksicht auf seinen eigenen Rhythmus.

Wenn er gerade das Büro verlassen will, kommen plötzlich neue E-Mails, aufgrund der Zeitverschiebung vielleicht sogar dramatische Neuigkeiten aus anderen Ländern, auf die er sofort reagieren muss. Er antwortet, um es schnell hinter sich zu bringen, aber seine Aktionen lösen eine neue Welle von Gegenreaktionen aus, unaufhörlich, unerbittlich und ohne Ende.

»Zur Ruhe zu kommen«, im Sinne des Gefühls »fertig zu sein«, ist unmöglich, denn der Manager könnte die ganze Nacht über im Büro verbringen, ohne dass sich die Schlagzahl an hereinbrechenden Aufgaben verringern würde. Gleichzeitig weiß er, welche Aufgaben ihn morgen erwarten und dass er auch diese nicht zu einem endgültigen Abschluss bringen wird. Deswegen fällt es ihm so schwer, abzuschalten, sich auszuklinken und innerlich »abzuwenden von seiner Arbeit«. Wenn er spät das Büro verlässt, meistens viel zu spät, dann ist er abgekämpft, müde, ausgelaugt.

Ihm wird verwehrt, »zufrieden nach Hause zu gehen«. In seinem Innersten verbleibt ein Rest von Frust. Es würde eine enorme Geistesanstrengung von ihm verlangen, nachträglich genau zu lokalisieren, welche von den unzähligen komplexen Prozessen heute endgültig abgeschlossen wurden, welche noch im Fluss sind oder welche morgen vielleicht wieder unerwartet auf seinem Tisch liegen, obwohl er sie bereits abgehakt hatte.

Das einzige Mittel für den Manager, der das konstante Gefühl hat, permanent von äußeren Umständen getrieben zu sein: die Kunst der Abgrenzung. Es hilft enorm, sich nicht alle tausend Belange des Arbeitsalltags tagtäglich so zu Herzen zu nehmen, bis schließlich das Herz streikt.

Allerdings ist dieses Vermögen stark charakterabhängig und bei Managern unterschiedlich ausgeprägt. Dennoch sollte man einige Grundsätze beachten:

- Obwohl die Anforderungen für eine Führungskraft ständig im Fluss sind, bisweilen ohne Punkt und Komma, muss sie am Abend eines langen Tages ihren Fokus bewusst auf die Punkte richten, die sie erfolgreich aufgearbeitet hat. Es genügt bereits, sich während des Tages ein paar Stichworte irgendwo hinzukritzeln, damit sie haften bleiben. Wir müssen wieder lernen, bewusst Genugtuung zu empfinden und stolz zu sein auf das, was wir geschafft haben, auch wenn es nicht abgeschlossen wurde. So banal das klingen mag, die Realität beweist, dass die permanent anstehenden Aufgaben kleine positive Erlebnisse sofort an den Rand drängen und absorbieren. Halb bewusst nehmen wir zwar das Positive wahr, doch schon ist es überlagert von neuen Eindrücken und Herausforderungen. In unserer schnell pulsierenden virtuellen Welt wird selbst das individuelle Erfolgsempfinden zunehmend diffus und schlecht greifbar.

  Wenn eine Führungskraft nur mehr an die großen Aufgaben und Prioritäten denkt und dabei über kleine positive Teilaspekte hinwegsieht, diese vielleicht sogar als Nebensächlichkeiten abtut, steigt die Gefahr des Ausbrennens enorm an.

Daher muss beim individuellen Erfolgsempfinden der Fokus wieder mehr auf die kleinen Ergebnisse gerichtet werden. Nicht um den großen Aufgaben auszuweichen, sondern weil das deutliche Gefühl der Befriedigung im Kleinen auch zum Überblick im Großen verhilft. Dann wird es auch möglich sein, das Tagwerk mit Genugtuung zu betrachten.

◆ »Zur Ruhe kommen und sich von der Arbeit abwenden« ist nur möglich, wenn man sich erst einmal bewusst macht, dass die Realität des Arbeitsalltags diesem Bedürfnis grundsätzlich diametral entgegensteht, falls man nicht zufällig ein Handwerk ausübt.

Das bedeutet, dass man täglich den Moment bereits im Vorfeld festlegen muss, wann nicht mehr die Firma, sondern allein der Mensch zählt. Dieser Haltung stehen, je nach Charaktertyp, zwei Faktoren im Weg: einerseits die Hoffnung, dass man vielleicht noch schnell etwas erledigen kann, was einem morgen die Arbeit erleichtert. Aber dieser Erwartungsdruck läuft erfahrungsgemäß ins Leere, wie jeder weiß, da am nächsten Tag wiederum tausend Dinge auf einen zukommen, die nicht alle abgeschlossen werden können.

Man muss sich dieser Tatsache mit nüchterner Einsicht stellen und ist gezwungen, eine Grundsatzentscheidung zu fällen:

Will ich den Aufgaben tagtäglich hinterherhecheln, in der Hoffnung, irgendwann zu einem Ende zu kommen, oder akzeptiere ich aufgrund meiner Erfahrung, dass dieses menschlich verständliche Bedürfnis des erlösenden »Fertig Seins« in den allermeisten Führungspositionen Illusion ist und bleiben wird. Diese Einstellung verschafft Erleichterung, denn nur wenn wir den Widerspruch zwischen Arbeitsrhythmus und innerem Bedürfnis nach Befriedigung akzeptieren, können wir uns abgrenzen und einen klaren Schlussstrich unter die Arbeit ziehen. Diese bewusste Abgrenzung darf keinesfalls ein schlechtes Gewissen auslösen. Zu glauben, dass man dann dem Unternehmen nicht ausreichend dient, ist völliger Quatsch.

Daher sollten Manager ihr Augenmerk wieder mehr auf ihr nachhaltiges Wohlbefinden lenken. Davon werden alle profitieren.

Wenn Führungskräfte die kleinen Erfolge im großen Strom der Herausforderungen bewusst und mit Genugtuung wahrnehmen und sie sich mit gutem Gewissen abends von der Arbeit abwenden, welches ja ein Hinwenden zu sich selbst ist, im Bewusstsein, dass das »Fertig Werden« Illusion bleiben wird, dann haben sie eine nachhaltig positive Arbeitseinstellung gewonnen.

Nur wer am Abend richtig aufhört, kann am nächsten Tag neu beginnen.

Beharrlichkeit erzeugt Gegendruck

Jede Handlung, die Akzente setzt und nicht im Strom der allgemein akzeptierten Beliebigkeit mitschwimmt, trifft naturgemäß auf Widerstand.

Wenn ein Dirigent seine Vorstellungen mit einem Orchester verwirklichen soll, dessen Tradition seinen Ideen widerspricht, kann er in den ersten Proben bisweilen auf Granit beißen. Der große Orchesterapparat wird allerdings keinesfalls umso träger, je mehr Menschen darin spielen. Wenn der Funke gezündet hat, wird er binnen kürzester Zeit die Mehrheit des Orchesters erreichen.

Bis es jedoch so weit kommt, braucht eine Führungskraft eine enorme Standfestigkeit. Würde ein Dirigent den Weg des geringsten Widerstands gehen und sich dem Klangbild des Orchesters anpassen oder versuchen, es einzelnen Instrumentengruppen recht zu machen, wäre es undenkbar, dass jemals von ihm aus ein Funke überspringen würde.

Letztlich kristallisieren sich drei vertraute Grundtypen von Führungskräften heraus, die aus ganz unterschiedlichen Eigenschaften und Motivationen die Energie für ihre Beharrlichkeit schöpfen.

- Der Träumer ist zwar im Besitz einer großen Vision, hat aber keine ernsthafte Strategie und präzise Vorstellung von deren Umsetzbarkeit. Dieser Charakter bemerkt selbst am allerwenigsten, wie heikel seine Vorgaben für diejenigen sind, die praxisorientiert damit arbeiten sollen. Daher verlangt er oft das Unmögliche.

  Man darf niemals unterschätzen, wie standfest Fantasten sein können. Sie haben im Laufe ihres Lebens gelernt, sich von der Kritik ihrer Umwelt gänzlich abzuschotten und allein ihren Idealvorstellungen nachzuhängen. Selbstkritik findet ebenfalls nicht statt, weil sie sich ja stets auf ihre Ideale berufen können, was immer gut ankommt. Die Mitarbeiterinnen und Mitarbeiter haben, rein menschlich, Verständnis, vielleicht sogar einen Hauch von Mitleid mit einem liebenswürdigen Chef-Träumer. Auch wenn er keinen Realitätsbezug hat und andere für ihn die Kohlen aus dem Feuer holen müssen, sind sie dankbar, dass er wenigstens von seiner Vision und nicht von Machtgier getrieben ist. Obwohl seine Naivität vielleicht milde belächelt wird, bewundert man seinen Mut, sich seine Träume von nichts und niemandem nehmen oder ausreden zu lassen.

- Der Pragmatiker will sich erst gar nicht mit fernen Visionen beschäftigen, die für ihn rein ideellen Charakter haben. Er konzentriert sich auf das naheliegende Machbare. Darin zeigt sich seine Meisterschaft und im Ergebnis wird er bisweilen weiter kommen als der visionäre Träumer. Mitarbeiter respektieren den Pragmatiker mit seiner klaren Analytik und strategischen Handlungskompetenz. Er belästigt sie nicht mit schwärmerischen Vorgaben, sondern sagt präzise, was im Hier und Jetzt zu tun ist. Seine Beharrlichkeit bezieht er aus seiner analytischen Kompetenz, stets schnell entscheiden zu können. Er kann gedanklich sofort Ballast abwerfen und ist den anderen meistens einen Schritt voraus. Dadurch erarbeitet er sich den Respekt der Mitarbeiter, was seinen Mangel an charismatischer Kraft, die eine Führungspersönlichkeit ausmacht, teilweise ausgleicht.

◆ Der Visionär mit Realitätsbezug, man könnte ihn als pragmatisch orientierten Träumer bezeichnen, handelt gleichermaßen auf Basis von Konzept und Vision, welche ihm die Stabilität verleihen, den anfänglich oft heftigen Widerstand des gesamten Ensembles auszuhalten.

Dem Visionär mit Realitätsbezug spricht man gemeinhin Charisma zu. Denn er strebt nicht nur die Verwirklichung seiner klaren Vision an, sondern hat gleichzeitig eine detaillierte Vorstellung, wie diese praxisorientiert zu erlangen ist.

Er hat die Fähigkeit, schnell die Perspektiven zu wechseln und zwischen Detailbesessenheit und Überblick jäh umzuschalten, je nach Problematik und Aufgabenstellung.

Sein Vermögen, im Kleinen nicht das Große aus den Augen zu verlieren und im Großen nicht das Kleine, gibt ihm die nötige Bodenhaftung, dass seine Utopie keine Fantasterei bleibt, sondern zu einer klaren Zielvorstellung für das Unternehmen wird.

Ein großer Dirigent oder Filmregisseur wird noch im kleinsten Detail die Atmosphäre und den Stil des gesamten Werkes verwirklichen. Er würde scheitern, wenn er sich entweder ausschließlich auf den großen Wurf konzentrierte oder sich zu sehr mit Einzelheiten beschäftigte.

Allen drei Charakteren ist gemein, dass sie Standvermögen haben, wenn auch aus unterschiedlichen Gründen. Und wer Widerstand aushält, der kann überzeugen.

Die Realität beweist, dass oft gerade die Träumer die idealen Gründernaturen sind. Mit Kühnheit glauben sie an sich und ihre Idee und bauen ihr Unternehmen auf, ohne sich von Hürden und Zweifeln verunsichern zu lassen. Wenn sie Jahre später, inzwischen viel realistischer geworden, stolz zurückblicken, wundern sie sich manchmal, wie sie es überhaupt geschafft haben, in ihrer damaligen Naivität und visionären Entschlossenheit ihre Idee zu verwirklichen. Aber ohne eine gewisse Naivität wären viele große Ideen niemals verwirklicht worden.

Wenn der Pragmatiker zum Gründer wird und plötzlich mitten in tausend Problemen feststeckt, könnte es ihm an Mut fehlen, diese mit visionärem Weitblick zu überbrücken.

Selbstverständlich ist der Visionär mit Realitätsbezug die ideale Führungskraft, denn er vereint die Qualitäten des ersten und zweiten Typs.

Diese beiden können ihn ja an die Spitze ihres gegründeten Unternehmens setzen, wo es in besten Händen wäre.

Wie aus Ängsten Selbstvertrauen wird

In der sechswöchigen Probenphase für meine erste Oper als Dirigent, Mozarts »Hochzeit des Figaro«, füllten sich meine Noten mit unzähligen Anmerkungen. Als ich zwei Tage vor der Premiere die Partitur durchblätterte, die mehrere Kilo wiegt und über 500 Seiten dick ist, beschlichen mich beträchtliche Sorgen, als ich all meine handschriftlichen Notizen und Warnhinweise sah. Mir wurde ganz schwindelig bei der Vorstellung, was alles passieren könnte und mit welchen Unwägbarkeiten ich zu rechnen haben würde. Man muss vorausschicken, dass Opernregisseure die Sängerinnen und Sänger nicht immer mit Rücksicht auf musikalische und technische Bedingungen, sondern nach darstellerischen Erwägungen auf der Bühne agieren lassen. Mit der Folge, dass die armen Akteure manchmal wie 100-Meter-Läufer über die Bühne hetzen, bevor sie, nach Luft japsend, ihre wichtige Arie singen müssen. Oder man verlangt dabei von ihnen eine Körperposition, in der ein normaler Mensch kaum reden, geschweige denn singen kann. Es gehört zur Funktion des Dirigenten, die gröbsten Unsinnigkeiten dieser Art, die den künstlerischen Ablauf gefährden, bei den Proben zu verhindern. Das ist der Grund, warum Dirigenten auch während der schauspielerischen Probenarbeit zugegen sein müssen. Nur so können sie die Regisseurin oder den Regisseur rechtzeitig bitten, auf die gesangstechnischen Belange Rücksicht zu nehmen. Aber so ganz lassen sich manch überambitionierte Regiekonzepte nicht verhindern, schließlich ist der Regisseur für die schauspielerische Dramaturgie, der Dirigent für die musikalische zuständig. Und manchmal überschneiden sich die Interessen, daher wird die Oper ja auch »Gesamtkunstwerk« genannt.

Als ich vor der Premiere meine zahlreichen Notizen musterte, wurde mir klar, dass im Flusse der Aufführung auf jeder einzelnen Seite zahlreiche Regie-Hürden zu schlimmen Fehlern führen könnten, nicht zuletzt aufgrund der bisweilen enormen Distanzen zwischen Dirigent und Orchester einerseits und Sängerinnen und Sängern auf der Bühne andererseits.

Dies machte mich ziemlich nervös und schien mir zuerst über den Kopf zu wachsen. Dann beschloss ich, mich dieser Herausforderung und meinen Ängsten konkret zu stellen. Anstatt mich einem Vogel-Strauß-Verhalten hinzugeben, nämlich den Kopf in den Sand zu stecken, spielte ich zwei Tage und eine Nacht lang alle erdenklichen Eventualitäten im Geiste durch. Wie kann ich das Orchester unvermittelt verzögern, wenn die Sängerin kurz vor ihrem Einsatz mit ihren hohen Schuhen auf der Bühne stolpert, wie in den allermeisten Proben zuvor? Wie kann ich zwei Rollen bei ihrer schnellen Arie perfekt mit dem Orchester koordinieren, obwohl sie die Regie weit voneinander platziert hat und sie sich anfangs nicht mal ansehen dürfen?

Dabei setzte ich mich bewusst mit unterschiedlichsten Not-Reaktionen auseinander. Ich versuchte, meinen diffusen Ängsten ein großes Repertoire an konkreten Gegenstrategien abzutrotzen. Am Ende dieser Arbeit fühlte ich mich erleichtert und für die Premiere gewappnet.

Meine anfänglichen Zweifel wichen einem fundierten Selbstvertrauen. Und tatsächlich: Obwohl alle Beteiligten höchst konzentriert waren, geschahen im Laufe der dreieinhalbstündigen Aufführung einige Überraschungen, die ich vorausgeahnt hatte und daher mit kühlem Kopf parieren konnte.

Obwohl ich die eventuell auftretenden Schwierigkeiten und Hürden kannte, dirigierte ich die Oper nicht ängstlich, sondern mit Leidenschaft und vollem Risiko, besser gesagt, mit einem voll kalkulierten Risiko.

Wenn man sich den Ängsten im Vorfeld stellt, sich ausgiebig und detailliert mit ihnen beschäftigt, entwickelt sich eine Art Selbstbewusstsein und Ur-Vertrauen, dass einem bei auftretenden Problemen sofort ein ausreichendes Repertoire an Gegenstrategien abrufbar zur Verfügung steht. Dieses dafür nötige Handwerkszeug zur Problemlösung darf man nicht allein dem Zufall und der Spontaneität überlassen. Sicherlich ist vieles Erfahrung, aber man kann mittels einer kreativen Auseinandersetzung mit Ängsten viele negative Eventualitäten bereits im Ansatz verhindern, in dem man rechtzeitig sein Instrumentarium erweitert.

Der Umgang mit Ängsten besteht letztlich aus drei Phasen, die den Dreiklang der Führungskompetenz, nämlich Wahrnehmen – Entscheiden – Handeln, aufs Beste widerspiegeln. Die folgenden ersten beiden Punkte sind uns vertraut und erscheinen uns als selbstverständlich, leider vernachlässigen wir zumeist den dritten:

- ◆ Ängste müssen bereits im Vorfeld angenommen und analysiert werden, damit sie nicht zu diffusen Selbstzweifeln führen. Wenn wir sie wegschieben, werden wir im entscheidenden Moment von ihnen überrollt und dadurch handlungsunfähig.
- ◆ Es muss überlegt werden, mit welchen Mitteln und welchem Instrumentarium man Ängsten im Bedarfsfall gezielt begegnet, wie man im Krisenfall reagiert, welche Schlüsse und Konsequenzen fürs Handeln man aus ihnen zieht. Essenziell ist die Frage, ob man durch bestimmte Maßnahmen vorsorgen kann, dass gewisse Risiken erst gar nicht eintreten.
- ◆ Die ersten beiden Punkte schaffen Selbstvertrauen zum Handeln. Der wichtigste Aspekt ist jedoch, dass man während der Ausübung einer Handlung, trotz aller im Vorfeld bearbeiteten Ängste, niemals misstrauisch und vorsichtig agiert. Wenn man sich den Ängsten gestellt und sie bearbeitet hat, muss man vom Nachdenken zum tatkräftigen Handeln umschalten. Durch die ersten beiden Punkte gewinnt man das nötige Selbstvertrauen, welches bestehende Risiken kalkulierbar macht. Aber eine skeptische Zögerlichkeit bei der Umsetzung strahlt auf alle aus und verunsichert das gesamte Team. Furchtsamkeit zieht Fehler an wie das Licht die Mücke.

Aus dem Sport sind uns solche Metaphern vertraut: Ein Kletterer ohne gesunde Angst würde sein Leben sinnlos riskieren. Ein angstfreier Rennfahrer würde schnell übers Ziel hinausschießen. Gerade bei diesen Beispielen wird offensichtlich: Mit Ängsten umgehen lernen bedeutet nicht, ängstlich zu handeln. Falls ein Rennfahrer bei jeder Kurve an die Risiken dächte, würde er wohl sogleich abbremsen und aus dem Wagen steigen.

Verspürte ein Kletterer bei jeder tastenden Suche nach einem guten Haltegriff die Angst im Nacken, würde er nicht mehr sicher hinlangen und zupacken. Wenn jedoch plötzlich eine Krise eintritt, werden beide Sportler ihr Instrumentarium an Gegenstrategien abrufen, dass sie sich im Vorfeld erarbeitet und zurechtgelegt haben.

Manager sind stets auf diesen parallelen Realitätscheck angewiesen. Vermöge der richtigen Balance zwischen Mut und Tatkraft einerseits und Risikoanalyse andererseits können sie erkennen, ob sie sich innerhalb des vordefinierten Rahmens bewegen. Risikowahrnehmung ist eine Führungsvoraussetzung und hat überhaupt nichts mit Furchtsamkeit zu tun, sondern schafft Handlungsfähigkeit. Und diese findet statt als Abgleich von Vision und Realitätsbezug. Mut und Tatkraft verlangen geradezu nach einer vorsorglichen Prüfung und Bearbeitung durch Ängste, die dann eine Art Qualitätssicherung darstellen. Daher darf Führungsverantwortung im Handeln nicht allein auf Tatkraft bauen und auftretende Angstgefühle nicht mit Schwäche und Ängstlichkeit verwechseln.

Menschen, die Verantwortung tragen, müssen die doppelte Kunst, innere und äußere Widerstände auszuhalten, vortrefflich beherrschen. Das gelingt ihnen nur, wenn ihr Wahrnehmungs- und Entscheidungsvermögen ausgebildet und tief verankert ist.

Ängste können also Indikatoren für überaus positive Faktoren sein. Beispielsweise können sie den Identifikationsgrad eines Managers mit dem Unternehmen anzeigen. Denn was ihn kalt lässt und ihm gleichgültig ist, ängstigt ihn auch nicht.

Selbstverständlich wird die große Verantwortung eines Managers bisweilen zur Last und bereitet ihm vielleicht schlaflose Nächte. Das muss kein Ausdruck seiner Überforderung sein, sondern ist möglicherweise nur der sichtbare Beweis, dass ihm das anvertraute Unternehmen am Herzen liegt und er nicht als kaltschnäuziger Ignorant auftritt. Sein Honorar wird ihn dafür entlohnen.

Ich bin überzeugt, wenn man den Bürgern vor Augen führen könnte, wie hoch bisweilen die alltägliche Arbeitsbelastung, der Druck und die Verantwortung eines Managers sind, würden sich manche Neidgefühle schnell in Luft auflösen.

Eine gesunde Angst ist vor wichtigen Entscheidungen hilfreich, bewahrt sie einen doch vor Übermut. Entscheidend ist eben, dass sie nicht zu einer prinzipiellen Ängstlichkeit führt, die eine entschlossene Umsetzung hemmt.

Das Heraustreten aus der Angst-Analyse im Vorfeld und Eintreten in die Phase des tatkräftigen Handelns im Hier und Jetzt ist leichter gesagt als getan. Dies stellt sowohl psychologisch als auch intellektuell eine hundertprozentige Veränderung der inneren Ausrichtung und Haltung dar. Dieses innere Umschalten mag einigen Charakteren ganz natürlich gelingen, für andere wird es erforderlich sein, sich diesem Akt ganz bewusst zu stellen. Denn in der ersten und zweiten Phase der Angstbewältigung hört man offen in sich hinein. Danach muss man jedoch alles Abwägende ganz bewusst und schonungslos beenden, wie im Kapitel »Entscheiden heißt Abschied nehmen« beschrieben, denn sonst ist kein Handeln möglich. Im furchtsamen Handeln ist das Scheitern vorprogrammiert.

Das bedeutet nicht, dass man von nun an naiv und leichtherzig agiert und alle ursprünglichen Bedenken über Bord wirft. Im Gegenteil: Die aufgrund einer ehrlichen Auseinandersetzung entstandenen Ergebnisse unserer Angst-Analyse werden unser Handeln stets begleiten, darauf können wir vertrauen. Sie sind aber vom Wesen her nicht mehr die vage Angst selbst und somit der lästige Hemmschuh, der uns ablenkt und verunsichert. Von nun an dienen uns die Früchte unserer Angstbearbeitung als sachliches Bewertungskriterium zur unmittelbaren Feinjustierung innerhalb des Handelns.

Dann dominieren und treiben uns nicht dumpfe Sorgen, sondern eine klare Chancen-Risiko-Beurteilung. Sie wird uns beim Handeln den Weg weisen und uns mit sicherem Tritt vorangehen lassen.

Wenn Manager mit Ängsten spielen

Ein Dirigent, der dem Solo-Horn kurz vor einem schwierigen Einsatz eine herbe Geste entgegenschleudert oder den Musiker unwirsch ansieht, kann dessen Scheitern verursachen.

Der einzelne Orchestermusiker betritt zuerst im Kollektiv das Podium; er wird als Einzelner kaum wahrgenommen. Und plötzlich muss er mitten im Konzert aus der Masse hervortreten und ein großes Solo spielen, das den Gesamtverlauf entscheidend prägt und diesem vielleicht sogar eine dramaturgische Wendung gibt, was oft die vom Komponisten vorgesehene Aufgabe der orchestralen Solisten ist. Eine Herausforderung, die den Musiker von null auf hundert katapultiert.

Es kann schwierig sein, wie aus dem Nichts mit seinen individuellen Fähigkeiten authentisch ins Rampenlicht treten zu müssen. Während sich der Dirigent lange an seine dominierende Rolle gewöhnen konnte, ist der orchestrale Solist einem Wechselbad der Gefühle und Rollen ausgesetzt. Die längste Zeit über ist er ein Mosaiksteinchen des symphonischen Klangbildes, dann wird er übergangslos zur alles entscheidenden Solostimme.

Ich habe diese Problematik als Orchestermusiker selbst in jungen Jahren hautnah zu spüren bekommen. Als junger Geiger spielte ich zahlreiche Solokonzerte mit Orchesterbegleitung, auf die ich mich monatelang vorbereitete und die ich dann im Selbstverständnis, der exponierte Solist des Abends zu sein, erfolgreich absolvierte. Ich verspürte zwar die übliche Nervosität, empfand sie aber als hilfreichen und wertvollen Spannungsaufbau fürs Konzert.

Als ich dann als führender Geiger der Münchner Philharmoniker mitten im symphonischen Geschehen ein nur wenige Sekunden dauerndes Solo zu spielen hatte, stellte dieses plötzlich eine schier unüberwindbare Hürde dar. Zuerst verstand ich die Welt nicht mehr. Denn im Vergleich zu meinen Auftritten als Solist, bei denen ich beispielsweise für fünfzig Minuten ohne Noten das Violinkonzert von Beethoven spielte, waren diese wenigen Takte kinderleicht und eigentlich nicht der Rede wert.

Auslöser für diese unerwartete Belastung war ein Konzert mit einem Dirigenten, der unentwegt beteuerte, wie sehr er vom Orchester abhängig sei, aber gleichzeitig keine Gelegenheit ausließ, einzelne Musiker auf subtile Weise zu demütigen. Oft griff er einzelne Persönlichkeiten scharf an, und Augenblicke später lobte er sie auf eine fast unerträgliche Weise über den grünen Klee. Er praktizierte das typische Spiel »Machtfaktor Unberechenbarkeit«.

Ich erinnere mich an ein schockierendes Erlebnis, welches das vorsätzliche Spiel dieses Dirigenten mit der Psyche der Musikerinnen und Musiker demonstriert:

In einer Orchesterprobe saßen Zuhörer im Saal, darunter auch namhafte Kritiker. Der Dirigent war mit der Harfenistin unzufrieden und rief ihr, auch fürs Publikum hörbar, die einprägsamen Worte zu: »Sehr geehrte Frau: Ich werde Sie zerstören und auseinandernehmen. Und dann baue ich Sie nach meinem Gesetz und Plan wieder zusammen.«

Das Orchester erstarrte. Aber keiner der Zuhörer schüttelte den Kopf oder stand auf und verließ den Saal. Im Gegenteil: Das Publikum bewunderte den Dirigenten für seine tiefen und weisen Worte und lächelte teils zustimmend, teils irritiert. Ich erlebte in diesem Moment zum ersten Mal hautnah, zu welch stillschweigender Akzeptanz von Fehlverhalten Menschen fähig sind.

Der Dirigent wollte der Harfenistin beweisen, dass er nicht nur die Verantwortung für technische und künstlerische Inhalte trägt, sondern es ihm jederzeit freisteht, Macht über sie als Mensch und Persönlichkeit auszuüben. Dabei kalkulierte er ein, dass weder Orchester noch Publikum protestieren würden, wahrscheinlich, weil niemand mit einer solch perfiden Strategie gerechnet hatte. Bei der Harfenistin verfehlte dieser öffentliche Überraschungs-angriff nicht seine Wirkung: Künftig fürchtete sie in jeder Probe einen solchen Ausbruch des Dirigenten, selbst wenn keine Gefahr bestand. Ein Blick von ihm in ihre Richtung genügte, um ihr die Schweißperlen auf die Stirn zu treiben. Gleichzeitig bewirkte der Dirigent damit den ängstlichen Gehorsam aller Musikerinnen und Musiker, denn keiner wollte sich selbst in die Gefahr einer solchen Demütigung begeben.

Ich überwand meine Blockade bei kurzen Orchester-Solis erst, als ich die menschenverachtenden Strategien des Dirigenten durchschaut hatte und gleichzeitig erfuhr, dass sich zahlreiche großartige Künstler viel schwerer tun, einige wenige Noten aus dem Orchesterkollektiv heraus zu spielen, als ganze Abende als Solist allein auf der Bühne zu stehen.

Ein Klima der Angst hat den paradoxen Effekt, dass eine Füh-rungskraft dadurch manchmal kurzfristig spürbar an Ansehen gewinnt. Diese Tatsache kann für innerlich wenig gefestigte Ma-nager verführerisch sein.

Es gibt verschiedene Möglichkeiten einer strategisch gesteuer-ten Verunsicherung der Mitarbeiter: beispielsweise ein unerwar-teter, persönlicher Angriff in einem Meeting oder überraschendes Lob beziehungsweise heftiger Tadel aus geringem Anlass. Ebenso irritiert Detailwissen über die persönliche Arbeitsweise eines Mit-arbeiters. Auch ein einladendes, freundschaftliches Lächeln, wel-ches am nächsten Tag in ein völlig unbegründetes Zeigen der kal-ten Schulter mündet, verfehlt nicht die beabsichtigte Wirkung.

Wenn ein Manager diese Taktiken mit dem nötigen Ernst und Nachdruck betreibt, so kann das bei ängstlichen Naturen tatsächlich zu scheinbarem Respekt führen. Denn Angst schafft Distanz, und diese Distanz kann manchmal mit Respekt verwechselt werden. Eine positive Distanz entsteht jedoch aufgrund von fachlichem Respekt vor der Führungskraft, eine negative aufgrund einer mit fragwürdigen Mitteln geschaffenen Aura der Unberechenbarkeit und in einem Klima der Angst.

Ein weiterer Nachteil solcher Management-Strategien ist letztlich der unternehmerische Innovations- und Effizienzverlust, da in einer solchen Arbeitsatmosphäre weder Einsatzbereitschaft noch Spaß an der Arbeit gedeihen. Solche Führungskräfte schaffen sich zwar schnell eine sichere Machtbasis, zerstören aber langfristig die Substanz des Unternehmens.

Mitarbeiterführung auf Basis kalkulierter Ängste führt schließlich ins Abseits, und dieser Vertrauensverlust währt ewig. Dieses Faktum sollte zumindest ein wenig abschreckend wirken.

Ansonsten gibt es nur ein bewährtes Hilfsmittel gegen diese Art von Machtgebaren einer Führungskraft: das Durchschauen ihres oberflächlichen Spiels und die anschließende Entlarvung ihrer zweifelhaften Aura durch mutige Kolleginnen und Kollegen, welche sich dabei der tatkräftigen Unterstützung und Loyalität ihres Umfelds sicher sein müssen, damit sie am Ende nicht verlassen zurückbleiben.

In der Wirtschaft benehmen sich manche Führungskräfte wie schlechte Dirigenten. Wenn das Konzert ein Misserfolg war, beschweren sie sich über das Orchester, über die Akustik des Saales oder diverse Einzelspieler, die den symphonischen Gesamtprozess negativ beeinflusst hätten. Wie ich aus eigener Erfahrung weiß, haben nur wenige Zuhörer die Urteilskraft, den wahren Auslöser für das orchestrale Scheitern zu erfassen, nämlich den Dirigenten.

Erstklassige Manager erfassen die guten Leistungen der Mitarbeiterinnen und Mitarbeiter und können sie im richtigen Lichte betrachten. Nicht Verunsicherung wird ihr Handwerkszeug sein, sondern die Konzentration auf fachlich orientierte Auseinandersetzungen.

Der Stil des Handelns

Bevor gehandelt werden kann, muss ein Manager erkennen, was die Sachlage an Mitteln benötigt. In der Folge orientiert sich sein Führungsstil weder an seinem Ego noch am gerade herrschenden Zeitgeist. Denn die Auffassungen, welcher Führungsstil der beste sei, wechseln permanent. Manchmal ist eine gewisse Zeit lang das Durchgreifen modern, dann folgt wieder eine weichere Phase des Laisser-faire.

Aber es gibt nicht den einen optimalen Stil, der allen unterschiedlichen Anforderungen einer zielorientierten Umsetzung gerecht wird. Daher müssen Manager viele Führungsstile beherrschen, und zwar sowohl dominant entscheidungsfreudige wie auch offen teamorientierte, um ihre Aufgaben ohne Reibungsverluste bewältigen zu können. Ein hohes Maß an Wahrnehmung ermöglicht der Führungskraft eine klare Beurteilung, welches Instrumentarium und welcher Führungsstil der jeweiligen Situation angemessen sind.

Inhalt statt Ego

Große Dirigenten entwickeln ihren Führungsstil nicht aus Stimmungen und ihren persönlichen Bedürfnissen, sondern aufgrund einer vorhergehenden präzisen Analyse der Materie.

Man stelle sich vor, wie es klingen würde, wenn ein Dirigent Mozart mit den bei russischer Musik erforderlichen Klangmitteln umsetzen würde, oder den Italiener Giuseppe Verdi mit den

Stilmitteln eines französischen Komponisten wie Claude Debussy, dessen Musik nach gänzlich anderen Spieltechniken bei Streichern und Bläsern verlangt. Es wäre ein Desaster, wenn der Dirigent diesbezüglich keine präzisen Unterscheidungen treffen würde. Eine Darbietung, bei der sich Inhalte und Mittel allein nach der Persönlichkeit des Dirigenten orientieren, würde die Kritik völlig zu Recht als puren Dilettantismus rügen. Selbstverständlich wird jede Ausdrucksweise stets die Handschrift des Dirigenten aufweisen, Karajan klingt oberflächlich betrachtet immer nach Karajan. Dennoch kann man Karajans Beethoven stilistisch nicht mit seinem melodischen und gesanglichen Tschaikowsky vergleichen.

Um den unterschiedlichen künstlerischen Anforderungen flexibel gerecht werden zu können, gibt es eben nicht nur einen richtigen und idealen Dirigierstil. Klanglich wilde und rhythmisch schwierige Stellen verlangen vom Dirigenten eine klare und unerbittliche Schlagtechnik, die im gesamten Orchester keinerlei Zweifel offenlässt, wie und wo es langgeht. Denn die einzelnen Gruppen können sich bei lauter Musik gegenseitig kaum hören und brauchen daher eine präzise Führung. Umgekehrt muss der Dirigent vielleicht schon eine Sekunde später seine Strategie ändern, wenn nicht mehr das bereichsübergreifende Zusammenspiel des hundertköpfigen Orchesters koordiniert werden muss, sondern eine Solostimme hervortritt. Die Schlagtechnik des Dirigenten muss in diesem Fall urplötzlich von schonungslos-dominant auf sensibel-begleitend umschalten.

Wenn auf einen heftigen orchestralen Ausbruch leise und zarte Musik folgt, der Maestro aber ungerührt im gleichen Stil, nämlich unerbittlich dominant weiter dirigieren würde, wäre das geradezu grotesk.

Nur die allerschlechtesten Dirigenten ordnen die vielschichtigen und abwechslungsreichen Ausprägungen orchestraler Musik ihrem eindimensionalen Dirigierstil unter. Manchmal beteuern solche Chefs sogar stolz, dass dieser Stil eben ihr Markenzeichen sei, für das sie engagiert wurden.

Auch in der Wirtschaft wird manchmal ein einziges Führungsmodell bei unterschiedlichsten Anforderungen verwendet und formal bis zum bitteren Ende durchgezogen. Diese Festigkeit halten manche für Authentizität, auch wenn sie bisweilen zur Borniertheit wird. Flexibilität kommt oft zu kurz und eine Änderung beziehungsweise Feinjustierung der Strategie wird einer Führungskraft leider manchmal als Schwäche angekreidet. Hierzulande muss eine Führungskraft bisweilen einen Stil pflegen, der wie in Beton gegossen scheint.

Dabei ist Flexibilität definitiv nicht Beliebigkeit oder Konzeptlosigkeit. Umgekehrt ist Starrheit nicht zielführende Verlässlichkeit. Flexibel handeln, das muss man sich immer wieder sagen, heißt realitätsbezogen handeln.

Ein erfolgreicher Manager wird seinen Stil stets den Inhalten anpassen, so wie ein Dirigent seine Schlagtechnik der jeweiligen Musik.

Flexibilität im Führen muss endlich als eine erstrebenswerte Kategorie gehandelt werden und darf nicht die Glaubwürdigkeit einer Führungskraft in Frage stellen. Ein Dirigent, der sich mitten im Konzert verzählt, muss sich unmittelbar korrigieren, um den Schaden zu begrenzen. Keinesfalls wird er seinen Irrtum durchziehen, um wenigstens sein Image zu retten.

Wenn sich jemand allzu sehr auf seinen typischen, individuellen Stil beruft, sollte man sogleich misstrauisch werden. Denn diese Methode soll meistens verbergen, dass dieser Person tatsächlich nur ein einziges Handlungsschema zur Verfügung steht, sie also völlig unfähig ist, auf unterschiedliche Aufgaben angemessen zu reagieren. In diesem Fall ist das propagierte Typische nichts als fehlende Flexibilität und sollte nicht als unverwechselbare Individualität bewundert werden.

In Deutschland spricht man mit Vorliebe entweder vom dominanten Führungsstil oder vom offenen und teamorientierten, bei dem die Führungskraft nicht nur befiehlt, sondern auch zuhört. Als ob es sich bei diesen Kategorien um unvereinbare, entgegengesetzte Pole handelte! Was zu kurz kommt, ist die Vielzahl an Möglichkeiten zwischen diesen beiden Extremen, mit zahlreichen Abstufungen und Nuancen.

Wenn das eigene Repertoire an Führungstechniken begrenzt ist und bleibt und im Laufe eines Arbeitslebens auf unzählige komplexe Herausforderungen trifft, liegt das Scheitern in der Natur der Sache.

Ein Orchester wird die Dirigiertechnik eines Dirigenten nur umsetzen können, wenn sie trotz ihrer Unterschiedlichkeit stets klar verständlich bleibt.

Man fragt mich oft, wie ein Orchester die Bewegungen von Dirigenten überhaupt verstehen könne. Ich möchte vorausschicken, dass dies leider nicht immer der Fall ist. Es geht beim Dirigieren weniger um Takt und Rhythmus, die musikalische Vision entscheidet über die Bewegungsabläufe. Es gibt für alle möglichen Taktarten und Rhythmusstrukturen ein verbindliches Grundschema, an welches sich Dirigenten prinzipiell halten, auch wenn es für den Laien oft verwirrend aussieht.

Es wäre ein Zeichen des mangelnden Könnens eines Dirigenten, wenn seine Technik die folgenden Voraussetzungen nicht automatisch und wortlos erfüllen würde:

Tempo und Rhythmus müssen deutlich erkennbar sein, desgleichen der Grundcharakter und die Atmosphäre des Werks. Auch muss das Orchester unmittelbar verstehen können, welcher Einzelkraft oder Instrumentengruppe ein Zeichen gilt. Es wäre schlimm, wenn eine Trompete auf einen Wink reagieren würde, der dem Horn galt, weil der Dirigent bei seinem Einsatz mit seinen Augen in die falsche Richtung schaute. Ebenso darf die Frage, welche Töne wie lange und in welcher Intensität von wem gehalten werden, keiner verbalen Erläuterungen bedürfen. Auch hierfür gibt es eine international verbindliche Zeichensprache, die einzelne Dirigenten zwar in ihrer Ausformung abwandeln, ohne jedoch das Prinzip zu verändern.

Die genannten Faktoren stellen bei guten Dirigenten keinerlei Hürde dar. Die verbalen Erläuterungen in den Proben beziehen sich somit weniger auf die technischen Bedingungen der Umsetzung als vielmehr auf die inhaltliche Gestaltung. Meistens ist das Verbale eine Ergänzung des Dirigierstils und interpretatorischer Natur, um dem Orchester den philosophischen Hintergrund der künstlerischen Vision nahe zu bringen.

Eine gute Rhetorik ist für eine Führungskraft ein angenehmes Hilfsmittel. Wie wir alles wissen, erläutert ein guter Redner selbst komplizierte Zusammenhänge umfassend und detailliert, in einer einfachen, sinnlich fassbaren Sprache.

Aber nur selten haben erstklassige Manager diese Gabe, was jedoch kein Grund zur Sorge ist.

Auch einige der besten Dirigenten können sich verbal nur schwer artikulieren. Kaum müssen sie vor dem Orchester ein paar Worte reden, sind sie schüchtern und gehemmt, besonders dann, wenn sie nicht die Sprache des Orchesters sprechen. Wiederum andere weichen beim Dirigieren so stark von den schlagtechnischen Grundmustern ab, indem sie die verbindliche Zeichensprache extrem individualisiert haben, dass man als versierter Beobachter annehmen müsste, die Musiker würden überhaupt nicht mehr verstehen, was er will.

Dennoch versteht das Orchester jeden kleinen Wink; präzise

und reibungslos reagiert es auf ihn, es bleiben keine offenen Fragen.

Wie ist das möglich?

Selbst die eindrucksvollste und eleganteste Schlagtechnik eines Maestros, die bei manchen Frauen im Publikum das Herz höher schlagen lässt, kann ein Orchester als inhaltsleeres Show-Gepinsel empfinden. Umgekehrt kann ein Orchester einem weniger publikumswirksamen Dirigenten zu Füßen liegen.

Wenn die Musiker spüren, dass ein Dirigent trotz objektiver verbaler und technischer Mängel nicht von seinem Ego, sondern von ehrlichen und authentischen Visionen angetrieben ist, dann werden sie für ihn durchs Feuer gehen.

Es ist nicht ungewöhnlich, dass geniale Führungskräfte, die die Materie geistig in allen Nuancen durchdrungen haben, dennoch unter ihrer mangelnden Rhetorik leiden. Aber ihnen kann man zum Trost und mit aller Vehemenz sagen: Vergessen Sie es! Es geht nicht um eine perfekte Sprache, sondern um den Funken, der überspringt. Und der hängt von unendlich vielen Faktoren ab. Selbst eine unbeholfene Körpersprache, eine brüchige Stimme oder eine gewisse Schüchternheit vor Publikum kann niemals wahre Kompetenz und Meisterschaft verbergen.

Es gilt stets: Inhalt vor Ego. Der Inhalt erzielt die größte Wirkung.

Führung braucht Klarheit

Ein Dirigent, der das Orchester auffordert, mit »Tiefe und Sinn« zu spielen, wird böse scheitern, wenn er nicht gleichzeitig sagen kann, wie diese Vorgaben handwerklich zu erreichen sind.

Manche Menschen, die sich dem Guten und Wahren verbunden fühlen, glauben, dass ein Dirigent einem Orchester seine Vision mit schwärmerischen, leidenschaftlichen und idealistischen

Worten näherbringt, damit die Musikerinnen und Musiker des Orchesters sich dann berauscht und mit leuchtenden Augen in die Musik vertiefen können, um auf diese Weise später ihr Publikum zu betören.

Diese Vorstellung ist absoluter Unsinn. Nicht die schönen Worte des Dirigenten befördern eine optimale Umsetzung, sondern sein sachliches Verständnis für Zusammenhänge und Notwendigkeiten. Ein guter Dirigent wird es daher möglichst vermeiden, den Geigen zu sagen, dass sie eine Melodie »tief und sinnvoll« spielen sollten. Erstens ahnen sie das ohnehin selbst und zweitens lässt sie diese Plattitüde mit einem Fragezeichen zurück. Stattdessen wird er Aussagen über mögliche Strategien treffen und diese mit den Musikern testen.

Ein Profi gibt präzise technische Anweisungen, mit welchem Bogenstrich oder welcher Atemlinie etwas umzusetzen ist. Er darf nicht nur das Ergebnis beschreiben, sondern muss zuerst den Weg dorthin sachlich und klar formulieren, damit die Musiker verstehen, welche handwerklichen Mittel sie benötigen.

Erstklassige Orchesterleiter schwärmen bei den Proben nicht über ihre privaten Empfindungen, in der Hoffnung, dass die Musiker dann ebensolche Empfindungen haben oder sie wenigstens irgendwie nachahmen. Auf diese Weise versuchen es hilflose Amateure oder dilettantische Enthusiasten, die von der Materie keine Ahnung haben.

Wenn ein Dirigent dem Orchester zuruft, dass eine Stelle »wahrer« zu klingen habe, wird er die Gegenfrage des Orchesters erzeugen: »Gerne, aber was sollen wir technisch dafür tun?«

Der Begriff »Wahrheit« ist in diesem Fall das Ergebnis, er sagt aber nichts darüber aus, wie dieses zu erlangen sein könnte. Edlen Worten wohnt nicht automatisch bereits das Konzept der Umsetzung inne.

Nur mittels klarer Anweisungen erreicht ein Dirigent bei seinem Orchester, dass die Zuhörer von der Musik verzaubert und berührt werden oder manche Klänge in ihnen vielleicht sogar eine metaphysische Empfindung auslösen.

Wenn zum Beispiel eine Stelle im Zusammenspiel nicht funktioniert, wird nur ein hilfloser Dirigent sagen: »Spielen Sie doch bitte zusammen, mehr Harmonie!« Eine souveräne Führungskraft wird zuerst versuchen, das Problem zu lokalisieren, um es dann mit der jeweiligen Gruppe gezielt zu bearbeiten. Erst wenn der Fehler analysiert und behoben ist, wird wieder mit dem gesamten Orchester weitergeprobt.

Am Anfang der Probenarbeit werden die grundlegenden technischen Parameter festgelegt, gleichzeitig wird der Dirigent die künstlerische Zielvorstellung in den Prozess miteinfließen lassen. Dazu muss er die Musikerinnen und Musiker inspirieren. Aber auch Inspiration entsteht durch Konkretheit. Mit der Aufforderung des Dirigenten: »Spielen Sie doch bitte inspirierter«, würde das Orchester nichts anfangen können.

Aber wenn der Dirigent beispielsweise sagen würde: »Bitte stellen Sie sich vor, Sie wären alleine auf dieser Welt, ungeliebt, verloren und verlassen, und aus dieser Stimmung der Einsamkeit heraus spielen Sie diese Melodie«, dann bekommt der Musiker ein Gefühl für die Sache. Der Musiker weiß jetzt, welcher künstlerische Ausdruck und welche Atmosphäre angestrebt werden. Und dennoch ist das nur ein Baustein von vielen, und der Musiker bleibt weiterhin auch auf sachliche Anweisungen zur Betonung, Tonlänge, rhythmischen Akzentuierung und Klangfarbe angewiesen.

Am Ende wird die Melodie für den Zuhörer vielleicht wahr und tief erklingen, ohne dass die Musiker sie auf Basis dieser Begriffe umsetzen. Selbst die größten Bekenntnisse und Emotionen brauchen Sachlichkeit, damit sie Realität werden.

In der Wirtschaft werden oft schöne Worte verwendet, ohne sie in ihrer Wesenhaftigkeit und Umsetzbarkeit zu erläutern und mit klaren Anweisungen auszustatten.

Es bringt nichts, wenn eine Führungskraft an die Motivations- und Innovationsbereitschaft appelliert, ohne die organisatorischen Voraussetzungen dafür zu schaffen. Es macht keinen Sinn, den Begriff Qualität auszugeben, ohne gleichzeitig die präzisen Regeln für die Praxis mitzuliefern. Es ist zwecklos, bei einem Unternehmensevent von positiven Neuerungen zu schwärmen, obwohl in den Wochen darauf kein Mitarbeiter davon etwas bemerkt.

Weder in der Musik noch in der Wirtschaftswelt haben die schönen Begriffe einen Praxisbezug. Dieser muss erst geschaffen werden. Nur deutliche Angaben ermöglichen Umsetzung.

Kleiner Fehler, großer Schaden

Das Feedback ist im Orchester bekanntlich unmittelbar. Besonders die orchestralen Solisten servieren ihre Fehler und Irrtümer sowohl Kollegen als auch Publikum quasi auf dem Tablett, ohne die Chance, eine misslungene Stelle zu wiederholen und sich beim zweiten Versuch zu verbessern. Geschehen ist geschehen. Dummerweise können nicht nur alle Orchestermusiker die Verursacher falscher Noten präzise lokalisieren, sondern auch versierte Klassikhörer. Da dreht schon mal der ganze Saal die Augen in Richtung Horn, das sich gerade einen »Krächzer« geleistet hat. Aus der Orchesterperspektive kann das durchaus beeindruckend wirken. Diese Ausgangslage beinhaltet für die Musiker natürlich einen enormen Druck, gleichzeitig hat sich aber daraus eine sinnvolle Kultur des Umgangs mit Fehlern entwickelt. Vor allem, wenn ich sie mit meinen Erfahrungen in der Wirtschaft vergleiche.

Am Anfang des langsamen Satzes der 5. Symphonie von Anton Bruckner muss die Oboe bei ihrem Solo mehrere unangenehme

Intervallsprünge von Sexten und Septimen bewältigen. Noch dazu meistens in einem langsamen, getragenen Tempo. Der Komponist hat es dem Instrument dabei wirklich nicht leicht gemacht. Manchmal gelingen diese Tonsprünge dem Solisten nicht so rein wie angestrebt, sondern mit einer kleinen Unsicherheit im Tonansatz, was aufgrund der insgesamt andächtigen Atmosphäre ziemlich störend hervorsticht.

Obwohl auch in Orchestern ein Konkurrenzverhältnis zwischen den Spielern herrscht, werden die orchestralen Kolleginnen und Kollegen mit ihrem Solospieler im Vorfeld insgeheim eher mitfiebern und ihm die Daumen drücken als darauf hoffen, dass er scheitert. Meine Beobachtungen haben gezeigt, dass selbst die Oboistenkollegen und sogar ein künftiger Anwärter auf den Oboen-Führungsjob nur begrenzt Schadenfreude empfinden, wenn ihr Vorgesetzter im Konzert Probleme bekommt.

Bevor Sie jetzt glauben, ein Orchester sei eine Art wettbewerbsfreies Paradies, möchte ich fairerweise zugeben, dass ich während meiner musikalischen Laufbahn einige verwerfliche Ausnahmen erlebt habe. Die schlimmste bei den Münchner Philharmonikern. Dort gab es einen Musiker, der seine Kolleginnen und Kollegen unmittelbar vor ihren schwierigen Solis mit böser und griesgrämiger Miene anstarrte. Die feindliche und destruktive Energie, die von ihm ausging, irritierte viele Spieler sehr und machte sie nervös. Wenn dann ein Solist einen weniger guten Tag hatte, konnte man sehen, wie dieser Plagegeist noch während der Solist spielte langsam den Kopf schüttelte und dabei ernst und tief betroffen seufzte. Gleichzeitig war es überaus schwierig, ihm sein Mobbing vorzuwerfen, weil er auch im Normalzustand nicht sehr viel freundlicher guckte. Als ich ihn einmal darauf ansprach, meinte er nur, dass er ja nicht mit geschlossenen Augen auf der Bühne sitzen könne. Die Betroffenen trösteten sich damit, dass seine künstlerischen Fähigkeiten seiner Ausstrahlung entsprachen: steif, langweilig, trostlos. Aber solche Typen sind im Orchester die Ausnahme.

Aus welchen Gründen hat die überwiegende Mehrzahl der Orchestermusiker ein großes Interesse daran, sich gegenseitig zu unterstützen, wo doch im Berufsleben üblicherweise ein großer Teil der Belastung von den unmittelbaren Kolleginnen und Kollegen ausgeht?

Es gibt zwei Hauptgründe für dieses ungewöhnliche Verhalten:

◆ Falls ein wichtiges Solo vergeigt wird, erleidet das gesamte Kollektiv einen Imageschaden. Daher schmerzt es auch die Unbeteiligten, wenn manche Zuhörer nach einem Fehler den Kopf schütteln, auch wenn diese nur stolz sind, den Verspieler überhaupt gehört zu haben. Alle Musiker sind sich voll und ganz bewusst, dass bei den Zuhörern nachträglich ein Gesamteindruck von der Performance in Erinnerung bleibt und keine spektakuläre Einzelleistung. Und wenn Kritiker einige missratene Details hervorheben, ist dies letztlich Teil des Gesamteindrucks.

In Unternehmen muss das Bewusstsein wieder geschärft werden, dass der Kunde nicht nur die Qualität Einzelner, sondern das Gesamtpaket bewertet. Eine perfekte Einzelleistung mag zwar individuell Befriedigung und Genugtuung verschaffen, der Kunde hat jedoch wenig Lust, die Details zu verifizieren, an denen es lag, dass die Abstimmung aller Beteiligten mies war. Innerhalb von Unternehmen sind die besten Solospieler mit einer nachweislich erstklassigen Performance oft überrascht, wenn sich ein Kunde plötzlich zurückzieht. Sie können einfach nicht verstehen, dass immer der Gesamteindruck entscheidet, zu dem sie selbst leider kaum sinnvoll beitragen, wenn sie die anderen nicht mitnehmen, also nicht nach links und rechts schauen.

Diejenigen, die nur auf ihre persönliche Leistung und nicht auf die lebendige Interaktion aller Kräfte fokussiert sind, wären wie Musiker, die, nachdem sie ihren Part abgeliefert haben, mitten im Konzert plötzlich aufstehen und unverzüglich die Bühne verlassen, in voller Überzeugung, sich diesen Freiraum erarbeitet und verdient zu haben. Schließlich haben sie ja alle Noten fertig gespielt, und das sogar technisch einwandfrei. Warum sollten sie dann noch untätig und gelangweilt im Orchester herumsitzen und warten, bis die anderen Mitspieler endlich auch so weit sind wie sie?

- ◆ Der zweite Grund im Orchester ist die Tatsache, dass sich die aufkeimende Schadenfreude von Kontrahenten gleichzeitig mit einem beklemmenden Gefühl der Sorge paart, vielleicht schon morgen beweisen zu müssen, dass sie es tatsächlich besser können, wenn der andere plötzlich ausfällt. Jeder einzelne Orchestermusiker hat im Laufe seines Berufsalltags immer wieder persönliche Hindernisse und Probleme vor kritisch lauschendem Publikum zu meistern. Diese permanente Gewissheit, dass jeder irgendwann einmal an der Reihe ist, fördert Demut und eine bescheidene Zurückhaltung. Genau diese Konstellation ist auch der Grund, warum Fußballer einem Elfmeterschützen, der den Ball in den Nachthimmel schießt, niemals böse sein werden. Die Angst, dass sie selbst der Gescheiterte hätten sein können, steckt ihnen in den Knochen und hat viel mehr Gewicht als jeder Anflug von Schadenfreude.

In Unternehmen müssen Führungskräfte Aufgaben und Verantwortlichkeiten so verteilen, dass jeder Mitarbeiter immer wieder einmal seine Fähigkeiten unter Beweis stellen muss. Diese Maßnahme verhindert, dass sich Einzelne innerhalb ihres Umfelds aufs bequeme Beurteilen von anderen zurückziehen können, ohne selbst gefordert zu sein. Auf diese Weise kristallisieren sich schnell Kompetenz und Inkompetenz für alle sichtbar heraus. Ansonsten teilt sich ein Unternehmen in Verantwortungsträger einerseits und Besserwisser andererseits. Während sich die verantwortungsbewussten Kräfte unermüdlich engagieren und damit naturgemäß auch Fehler fabrizieren, ziehen sich die Besserwisser auf einen bequemen Hochsitz zurück, um von dort über die Fehler der Eifrigen lamentieren zu können. Diese Mitläufer wiegen sich in der kuscheligen Sicherheit, jederzeit alles sagen zu dürfen, ohne es beweisen zu müssen.

Es ist verständlich, dass eine Führungskraft diesen Mitläufern nur ungern Verantwortung überträgt, weil sie deren Unzulänglichkeiten einschätzen kann und daher keine Zeit vergeuden will. Dennoch darf sie nicht tatenlos zusehen, wie die Tatkräftigen für die Schlaumeier unentwegt die Kohlen aus dem Feuer holen.

Ich bin überzeugt, dass man den Besserwissern aus strategischer Sicht Verantwortung zuteilen muss. Das macht sie realistisch in Bezug auf ihre Fähigkeiten und kleinlaut bei der Beurteilung anderer, zum Nutzen einer besseren Arbeitsatmosphäre. Das schützt die Leistungsträger und verschafft ihnen den nötigen Handlungsspielraum; gleichzeitig gewinnen sie auf natürliche Weise an Autorität.

Dieser Vorteil macht den Zeitverlust mehr als wett, den man durch die Zuteilung von Verantwortung an einen weniger leistungswilligen Mitarbeiter erreicht. Denn wenn dessen minderes Potenzial offensichtlich wird, können die Leistungsträger künftig auch Fehler machen, ohne sich vor den Mitläufern rechtfertigen zu müssen.

Fehler sind niemals zu vermeiden und es gibt einige Prinzipien, wie Dirigent und Orchester in solchen Situationen reagieren:

◆ Ein erfahrener Dirigent wird beispielsweise einem Solohornisten vor dessen schwierigem Solo weder aufmunternd zuzwinkern noch ihm mit wilder Geste und fordernder Miene den

Einsatz geben. Es kann schon vorkommen, dass ein Hornist den Dirigenten unter vier Augen um einen sachlich-präzisen Einsatz bittet, weil ihm das vor seinem Solo Sicherheit gibt. Ein anderer wiederum wünscht sich, dass ihn der Dirigent im Konzert vor einer schwierigen Stelle ignoriert, damit er sich ganz auf seine Stelle vorbereiten kann, ohne abgelenkt zu werden. Der Dirigent hat in den Proben die Möglichkeit, herauszufinden, welche Verhaltensweise dem Solisten entspricht und ihm den Druck nimmt.

◆ Die Kollegen reden mit orchestralen Solisten im Vorfeld eigentlich kaum über deren gewichtige Aufgaben, es sei denn, ein Spieler thematisiert sie selbst. Musiker wissen, dass jeglicher Zuspruch, der im Tonfall von Tröstung oder psychologischer Hilfe geschieht, gänzlich fehl am Platz ist, denn Trost im Vorfeld bedeutet, dass man mit dem Scheitern rechnet. Keinerlei Problem stellen die üblichen Floskeln wie »Hals und Beinbruch« dar. Nachdem jeder Musiker die Anspannung vor Auftritten kennt, wird man das zwischenmenschliche Verhalten von wichtigen Solisten unmittelbar vor Konzerten niemals auf die Goldwaage legen. Ein missmutiger Hornspieler braucht sich nach dem Konzert keinesfalls bei seinen Kolleginnen und Kollegen zu entschuldigen, falls er sie vor dem Auftritt genervt angepflaumt hatte. Übrigens fühlt sich in einem Orchester die Personalabteilung, im Gegensatz zu manchen Unternehmen, nicht dafür zuständig, bei jeder kleinen Auseinandersetzung zwischen einzelnen Mitarbeitern zu vermitteln. Man traut ihnen zu, Bagatellen selbst lösen können.

Bei einer Produktion mit dem Boston Symphony Orchestra habe ich vom Dirigenten Seiji Ozawa eine psychologische Meisterleistung erlebt. Ich unterbrach die Aufnahme, weil der Trompete schon mehrmals ein Ton nicht optimal gelungen war. Bei jedem neuen Versuch wurde der Trompeter hörbar nervöser, sodass es letztlich immer schlimmer wurde. Plötzlich sagte der Maestro, dass für ihn der Ton beim allerersten Mal absolut in Ordnung war, diese Stelle wäre somit abgehakt. Ohnehin wären für ihn die Takte vor dem Trompeteneinsatz, wo die Bratschen nicht den richtigen Klang gefunden hätten, künstlerisch viel ausschlaggebender. Daraufhin begann er in aller Ruhe, ohne Aufnahme, mit den Bratschen detailliert zu proben. Nach einigen Minuten bat er mich, diese Takte neu aufzunehmen. Wir schalteten das Aufnahmelicht ein und Maestro Ozawa dirigierte, in dem er seine gesamte Aufmerksamkeit den Bratschen widmete. Es klang ungemein intensiv und nachdem die Musik gerade so schön im Fluss war, musizierte er einfach einige Minuten weiter. Auch der Trompeter blies nochmals seine schwierigen hohen Töne, diesmal absolut perfekt und wunderbar, wohl wissend, dass es auf ihn eigentlich gar nicht mehr ankam. Maestro Ozawa sagte mir danach, dass er diesen Effekt ganz bewusst eingeplant hatte, um dem armen Trompeter den Druck zu nehmen. Als der Trompeter im Studio seine fantastischen hohen Töne abhörte, schmunzelte er zufrieden in sich hinein. Ich bin mir sicher, am Ende hatte er die fördernde und schützende Strategie des großen Maestros dankbar durchschaut.

Wenn ein Fehler im Konzert passiert, werden die Mitspieler diesen ignorieren. Keiner wird darüber den Kopf schütteln, wie es in manchen Unternehmen gar nicht so selten geschieht. Auch der Dirigent wird nicht mit der Wimper zucken. Er verliert weder seine technische noch seine künstlerische Konzentration.

Falls sich Fehler wiederholen, wird man nachträglich versuchen, deren Ursache zu analysieren, um sie künftig zu verhindern. Aber prinzipiell versuchen wirklich alle, diverse kleine Fehler so schnell wie möglich zu vergessen und zur Tagesordnung überzugehen.

Wenn Musikerinnen und Musiker nach einem Irrtum irritiert

und in peinlicher Starre verharren würden, anstatt den falschen Ton schnell zu vergessen und unbelastet weiterzuspielen, entstünde aus einem kurzen, falschen Ton ein quälend langer, schlechter Abschnitt. Selbst Zuhörer, die den kleinen Fehler ursprünglich gar nicht gehört hatten, würden nun bemerken, dass irgendetwas nicht stimmt und der reibungslose Ablauf ins Stocken geraten ist.

Das Problem ist also nicht, dass Fehler passieren, denn das ist unvermeidlich. Wenn es jedoch in Unternehmen keine sinnvolle Fehlerkultur gibt, bewirken selbst kleine Fehler manchmal einen großen Schaden.

Selbstverständlich muss unterschieden werden zwischen Fehlern, die aus Verantwortungslosigkeit oder purer Schlamperei entstehen, und denen, die trotz oder gerade aufgrund eines hohen Engagements eintreten. Für die Ersteren muss man kein Verständnis aufbringen. Wenn sich ein Musiker verspielt, weil er einfach nicht geübt hat, ist das nicht mit Fehlern aus Leidenschaft zu vergleichen, aber um diese geht es.

Die wichtigsten Elemente für eine gute Fehlerkultur in Unternehmen sind *Entspanntheit* im Vorfeld, *Besonnenheit* bei der Analyse und *Vergessen*, wenn der Fehler aufgearbeitet wurde.

Viele Führungskräfte glauben jedoch, dass sie keinesfalls zu entspannt sein dürfen, weil die Mitarbeiter dann nachlässig werden und die Fehler überhand nehmen. Wenn es der Führungskraft gelingt, den unvermeidlichen Druck, der in vielen Unternehmen herrscht, auf die Aufgaben und nicht auf die Fehlerangst zu lenken, ist bereits vieles gewonnen. Die Konzentration auf Aufgaben und Inhalte motiviert zum Handeln. Gilt das Hauptaugenmerk der Fehlervermeidung, wird das Handeln gehemmt und gleichzeitig steigt die Fehlerquote.

Wenn Mitarbeiter sehen, dass sie nach einem Fehler nicht mit dramatischen Konsequenzen und Vorwürfen rechnen müssen, dann wird das ihr künftiges Engagement steigern. Fehler müssen zwar besonnen analysiert und korrigiert werden, aber danach müssen alle die Angelegenheit wieder auf sich beruhen lassen. Zu einer guten Fehlerkultur gehört, dass weder Führungskräfte noch Kollegen nachtragend sind. Bei einer gerechten Aufgabenverteilung wird das den Kollegen nicht schwerfallen, weil sie wissen, dass auch sie mal in diese Situation kommen können.

In Unternehmen ohne Fehlerkultur werden Fehler entweder banalisiert und verdrängt oder zu einem Drama hochstilisiert. Beide Strategien binden langfristig wertvolle Energien, ohne das Problem zu lösen, gleichzeitig erzeugen sie nutzlosen Druck bei den Mitarbeiterinnen und Mitarbeitern. Das hat zur Folge, dass eine Person, die einen Fehler begangen hat, ihn anfangs nicht begreifen will, weil das innerhalb einer Unternehmenskultur der Schadenfreude zu einem Ansehensverlust führen kann. Irgendwann wird sie ihren Fehler vor ihrem eigenen Gewissen insgeheim einsehen, dennoch aber versuchen, ihn mit allen Mitteln zu kaschieren. Denn sie muss mit Recht befürchten, dass die Kolleginnen und Kollegen ihr den Fehler unverhältnismäßig lange vorwerfen, beziehungsweise ihn bei jeder Gelegenheit wieder aufwärmen. Erst wenn sich auch diese Strategie totgelaufen hat, führt kein Weg mehr an einem offiziellen Eingeständnis vorbei. In diesem Stadium hat sich aus einer lächerlichen Kleinigkeit bereits ein kleines Drama entwickelt, das künstlich am Leben gehalten wird, weil einige daraus Nutzen ziehen wollen.

Erst wenn nach langwierigen Prozessen alle ermüdet und genervt sind von den zermürbenden Machtspielchen, ebbt die Sache langsam ab und verliert an Bedeutung. Aber noch ist sie nicht ausgestanden. Denn aufgrund der unseligen Prozedur bleibt ein Fehler, der schnell und entspannt aufgearbeitet hätte werden können, lange im Bewusstsein aller Beteiligten haften, was die künftige Handlungsfähigkeit erheblich einschränkt.

Das Sprichwort »Wo gehobelt wird, fallen Späne« sollte nicht nur eine letzte beiläufige und oberflächliche Entschuldigungsfloskel nach endlosen Konflikten sein, sondern in seiner tieferen Bedeutung verstanden werden.

Zu einer effizienten Bewältigung von Fehlern gehört, sie nach der Korrektur auch wieder abhaken zu dürfen, um mit aller Kraft wieder zur Tagesordnung übergehen zu können. Handelt es sich um einen sichtbaren Fehler eines Einzelnen, so ist diese Offensichtlichkeit für ihn bereits Strafe genug und er wird keine ausdrückliche Aufforderung von außen benötigen, alles zu tun, diesen künftig zu vermeiden.

Wenn eine kurze und nüchterne Aufarbeitung nötig ist, darf es dabei nicht um Schuld und Sühne gehen, denn Fehler sind ein natürlicher Teil des Handelns.

Diese Grundhaltung innerhalb eines Unternehmens ist eine der Säulen für Kreativität und Leistungsbereitschaft.

Leidenschaft braucht Träume

Selbst sachkundige Konzertgänger haben selten eine Ahnung davon, aus welchen Elementen sich die Leidenschaft von Musikerinnen und Musikern, die vor ihnen auf der Bühne oder im Orchestergraben singen oder spielen, zusammensetzt.

Viele betrachten die Leidenschaft eines Künstlers als eine Art angeborenen Wesenszug. Das trifft es nicht. Leidenschaft entsteht erst, wenn es ein Ziel gibt, unabhängig davon, wie weit dieses Ziel entfernt scheint.

»Leidenschaft ist die Kraft, die Leiden schafft.« Eine Erfahrung, die selbstverständlich nicht nur Berufsmusiker machen. Echte Leidenschaft ist ohne den Mut zum grenzenlosen Träumen völlig undenkbar. Es könnte allerdings sein, dass künstlerische Charaktere mehr zu ihren Träumen stehen und sie nicht sofort blockieren, indem sie sie als realitätsfremde Hirngespinste abwerten.

Ich möchte kurz an meinem Beispiel skizzieren, welche Bedingungen nötig sind, damit langfristig zuerst der Traum und dann die wahre Leidenschaft für eine Sache entstehen.

In meiner Kindheit weckte das lebendige musikalische Umfeld meiner Heimatstadt mein Interesse an Musik. Es gab ein städtisches Orchester und mehrere Kirchenchöre, an vielen Orten wurde noch die »echte« Volksmusik praktiziert, und bei jeder Gelegenheit marschierte eine Blasmusikkapelle durch die Straßen, deren Trommler ich zutiefst bewunderte. Ich lernte ab dem sechsten Lebensjahr Violine, anfangs ohne jegliche Ambitionen. Mein späterer Lehrer erkannte und förderte mein Talent. Da ich ihn auch ohne zu üben bald übertraf, fuhr er mit mir, als ich elf war, an die Hochschule für Musik in Wien, wo ich vorspielen musste und danach in die Obhut eines berühmten Professors kam, während ich gleichzeitig das Musikgymnasium besuchte.

Bevor dieser Professor entschied, ob er mich als Student aufnehmen sollte, zog er sich mit mir allein in ein stilles Zimmer zurück und stellte mir eine grundsätzliche Frage, die mir zum immerwährenden Leitfaden wurde: »Du hast Talent. Aber dafür kannst du nichts. Talent haben viele. Entscheidend ist nur: Willst du daraus etwas machen?«

Dann begann der Ernst des Lebens, denn die Ausbildung zum Berufsmusiker ist hart und entbehrungsreich, sie ähnelt sehr den Trainingsplänen junger Sportler. Auch in der Musik gilt: Was der Körper bis zum Ende des Wachstums, meistens um das 18. Lebensjahr herum, an technischen Fertigkeiten nicht gelernt hat, kann man ihm nachträglich selbst mit härtestem Training nicht mehr beibringen. Faktoren wie Technik, Disziplin und Ausdauer schaffen bei angehenden Musikern die Basis, dass sie später ihre

Musik auf einem hohen künstlerischen Niveau umsetzen können.

Bereits während der Ausbildung konzertieren die jungen Musikstudentinnen und -studenten und machen sich durch erste Erfolge langsam einen Namen. Wenn eine Arbeitsstelle in einem Orchester frei wird, können sich die jungen Kräfte bewerben, und wenn sie Glück haben, werden sie mit dreißig ausgewählten Kandidaten zu einem orchestralen Wettbewerb eingeladen. Es ist nicht einfach, sich in mehreren Durchgängen gegen die Konkurrenz durchzusetzen. Mitglied eines Orchesters wird die Gewinnerin oder der Gewinner des Probespiels erst, wenn sie oder er auch das anschließende Probejahr erfolgreich absolviert haben.

Orchestermusiker müssen sich tagtäglich aufs Neue beweisen. In den Konzerten lauschen Kollegen und Publikum, über ihren Köpfen baumeln die sensiblen Mikrophone der Radiostationen, die Kameras sind immer dann auf sie gerichtet, wenn sie ein schwieriges Solo zu spielen haben. Die zahlreichen Beispiele dieses Buches geben Zeugnis, dass Kunst von Können kommt.

Trotzdem haben sich in Bezug auf die Musikwelt Klischees eingebürgert, die bisweilen äußerst bizarr und befremdlich sind und die auch ich häufig zu hören bekomme: »Nicht jeder hat das große Glück, dass er, so wie du, einfach seine private Leidenschaft zum Beruf machen kann. Du hast es gut getroffen. Und dafür wirst du sogar noch bezahlt!«

Leidenschaft ist nicht eine genetische Konditionierung. Sie braucht zuallererst Menschen, die einen behutsam an eine Sache heranführen. Und zwar nicht durch strikte Belehrungen, sondern indem sie die Sache für sich selbst sprechen lassen. Diese Philosophie der Vermittlung entscheidet, ob man sich nüchterne Sachbearbeiter oder leidenschaftliche Visionäre heranbildet.

In Menschen kann Leidenschaft nur entstehen, wenn sie eine Sache schätzen und lieben gelernt haben. Und diese Wertschätzung kann niemals mit erhobenem Zeigefinger befohlen werden.

Die Konsequenz dieser Einsicht wäre auf vielen Gebieten überaus hilfreich, beispielsweise auch in Bezug auf ein besseres Umweltbewusstsein. Denn was der Mensch nicht liebt, will er auch nicht schützen. Eltern, die mit Kindern unbeschwert im Wald herumtoben, tun zweifelsfrei mehr für deren künftiges Naturempfinden als manche Betroffenheits-Pädagogen, die ihre Kinder lieber zu einer Demo gegen das Waldsterben mitnehmen und ihnen vielleicht sogar ein Schild mit lehrreichem Text um den Hals hängen. Auf diese Weise fördern sie langfristig weder deren Träume noch deren Leidenschaften, sondern eher eine pessimistische Grundhaltung.

Wenn die Wertschätzung für eine Sache geweckt ist, kann daraus Enthusiasmus entstehen, der allerdings allein nicht ausreicht, um die täglichen Mühen, die sich auf dem langen Weg in Richtung einer Zielvorstellung einstellen, zu ertragen. Es kann sich ja auch um eine nur kurzfristige Begeisterung handeln, und in diesem Falle sollte man sie als Hobby betrachten und nicht als Wegweiser für einen beruflichen Werdegang.

Im Berufsalltag wird Leidenschaft die meiste Zeit über von unerlässlichen Notwendigkeiten und Anforderungen überlagert. Hier sind Handwerk und Disziplin viel wichtiger als eine konstant brodelnde Begeisterungsfähigkeit. Niemand sollte von der Leidenschaft ein dauerhaftes inneres Brennen erwarten; die Gefahr eines schnellen Ausbrennens wäre in diesem Fall sehr groß.

Wenn sich dem Handwerk und der Disziplin noch die Ausdauerbereitschaft zugesellt, sind kleine Erfolgserlebnisse eigentlich kaum zu vermeiden. Insbesondere in Augenblicken des spürbaren Fortschritts empfinden wir die Gewissheit unserer fundamentalen

Leidenschaft, aus der wir wiederum die Kraft für die kommenden Anstrengungen schöpfen.

Wenn die wichtigste Voraussetzung für eine langfristig anhaltende Leidenschaft der Mut zum Träumen ist, müssen insbesondere Menschen, die Verantwortung tragen, wieder lernen zu träumen, und zwar hemmungslos und unkontrolliert. Wir müssen uns den Träumen lustvoll hingeben, ohne dass wir sie sogleich einem pragmatischen Machbarkeits-Check unterwerfen. Menschen, die sich allein dem Praktikablen verschrieben haben, werden nicht den Mut und die Neugierde aufbringen, unbekannte Pfade zu erkunden.

Es kann bisweilen eine gewaltige Last sein, an einem fernen Traum festzuhalten, selbst unter größten Schwierigkeiten.

Manche Genies sind so stark von einer Idee bewegt und getrieben, dass diese letztlich über ihr Handeln bestimmt. In solchen Fällen sucht sich eine Vision mehr den Menschen aus als umgekehrt, und man sollte nicht unterschätzen, wie sehr eine solche innere Notwendigkeit für den Einzelnen zur Belastung werden kann, auch wenn daraus bewunderungswürdige Ergebnisse entstehen.

Viele glauben, es sei ein Zeichen von Reife und Lebenstüchtigkeit, Träume als Kinderkram zu behandeln und sie nicht ernst zu nehmen. Aber es ist gerade diese kindliche Urkraft, die große Geister von durchschnittlichen unterscheidet. Kinder können auf ihre Träume bauen, sie müssen noch nichts beweisen. Bei uns Erwachsenen ist es umgekehrt: Wir müssen permanent entscheiden und handeln. Daher sollten wir versuchen, uns den kindlichen Charakter zu bewahren, der die Voraussetzung für unsere Visionen ist.

Wenn wir unsere Träume nicht mehr zulassen, hemmen wir auch unsere innere Lebendigkeit, mit der Folge, dass sich das leise Gefühl der Hoffnungslosigkeit langsam in uns ausbreitet. Einer solchen Grundhaltung entspringt keine Leidenschaft mehr, die wir so dringend für unser tägliches Handeln benötigen.

Im Beruf sind unsere Fähigkeiten der Boden, auf dem wir stehen. Unsere Träume sind das schützende Firmament. Man kann uns alles nehmen, unsere Träume nicht.

Manchmal verlieren wir unsere Träume völlig aus den Augen und ebenfalls das Vertrauen, sie jemals wiederzufinden. In diesen Phasen werden sich unsere Träume vielleicht wandeln, weil wir uns selbst verändert haben. Doch dann erscheinen sie uns wieder wie ein vertrautes Sternbild in klarer Nacht, und wenn wir mutig sind und noch nicht aufgegeben haben, werden wir unseren Weg wieder nach ihnen ausrichten.

Eine Führungskraft muss das Wechselspiel von Selbst-Emotionalisierung einerseits und Handwerk, Disziplin, Ausdauer andererseits beherrschen. Urteilskraft und Leidenschaft müssen auf allen Stufen des Dreiklangs von »Wahrnehmen – Entscheiden – Handeln« flexibel ausbalanciert werden. Die richtige Mischung muss jeder für sich persönlich entdecken, je nach Charakter und Temperament.

Bei der 8. Symphonie von Gustav Mahler muss der Dirigent seine umfassende Führungskompetenz mit höchster Meisterschaft beweisen. Denn bei diesem Werk hat der Komponist die Anforderungen ins Gigantische gesteigert, indem er es für großes Orchester, zwei gemischte Chöre, einen Knabenchor und acht Gesangssolisten schrieb. Somit müssen insgesamt über 200 Künstler präzise zusammenwirken, obwohl zwischen den Instrumentalisten und Chormitgliedern enorme räumliche Distanzen zu überbrücken sind. Bereits im Vorfeld haben die Chöre mit ihren jeweiligen Leitern das Werk an unterschiedlichen Orten einstudiert, bevor sie sich für die letzten Proben mit dem Orchester und den Solisten auf einer Bühne vereinen.

Die Arbeit des Dirigenten beginnt lange vor den Proben. Er muss diesen symphonischen Koloss einerseits im großen Zusammenhang überblicken und andererseits bis in die kleinsten Nuancen und Verästelungen durchdringen. Auf Basis dieser Wahrnehmungsprozesse wird er seine Interpretation entwickeln. In den Proben erarbeitet er mit den Musikerinnen und Musikern die technischen Bedingungen für die künstlerische Umsetzung. Meistens werden aufgrund der komplexen akustischen Bedingungen Nachjustierungen erforderlich sein. Dann müssen zum Beispiel die Bogenstriche oder die Sitz- und Zuordnungen einzelner Gruppen der Situation angepasst werden. Besonders für die Gesangssolisten muss man den optimalen Platz finden, von dem aus sie sowohl einen guten Sichtkontakt zum Dirigenten als auch einen störungsfreien Hörkontakt zu ihrem Umfeld haben. Die Probenarbeit ist nicht zuletzt ein großer logistischer Aufwand, denn nicht immer haben alle Künstler gleichzeitig zu tun. Man muss daher im Vorfeld planen, wann welche Gruppen benötigt werden, damit sie nicht sinnlos herumsitzen und die Motivation verlieren.

In der Generalprobe dann der Realitäts-Check: Jetzt wird das Werk ohne Unterbrechung durchgespielt, um zu sehen, ob alle technischen und künstlerischen Parameter auch im Zusammenhang funktionieren wie geplant.

Im Konzert sind dann alle Sinne geschärft: positiver Druck, volle Konzentration. Der Dirigent steuert den gesamten Organismus präzise durch pompöse Ausbrüche und zarte Passagen. Und manchmal begleitet er die Sänger, die vielleicht auf sein sensibles Nachgeben angewiesen sind, damit sie stimmlich nicht überfordert werden. Für den Dirigenten bedeutet ein solcher Prozess nicht nur eine geistige, sondern auch eine große körperliche Anstrengung.

Es ist der stimmige Dreiklang von Wahrnehmen – Entscheiden – Handeln, der ein solches Konzert zu einem Ereignis für das Publikum werden lässt, derselbe Dreiklang, der in der Wirtschaft das Fundament für eine umfassende Führungskompetenz bildet: eine Kompetenz, die sich nicht an Theorien und Wunschbildern, sondern an der Lebenspraxis orientiert.

Christian Gansch zeigt, was Unternehmen von Orchestern lernen können

Christian Gansch
Vom Solo zur Sinfonie
Was Unternehmen von Orchestern lernen können
368 Seiten · geb./SU
€ **19,90** (D) · sFr 34,90 · € 20,50 (A)
ISBN 978-3-8218-5640-7

Wie viele Solisten verträgt ein Team? Wie schafft man ein Bewusstsein, in dem der Einzelne seine Begabung zum Wohle aller nutzt? Wie erarbeiten sich Führung und Team neue Ideen und Visionen?

Der Dirigent und Kommunikationsexperte Christian Gansch zeigt, dass erfolgreiche Orchester auch über besondere Führungs- und Konfliktlösungsstrategien verfügen.

»Ein origineller Blick hinter die Kulissen der Orchesterwelt, der grundlegende Fragen der Unternehmensführung und -kommunikation beantwortet.« Manager-Magazin

Eichborn

Kaiserstraße 66
60329 Frankfurt/Main
Tel. 069/25 50 03-0
Fax 069/25 60 03-30
www.eichborn.de